Fräulein Lambert

Mein Strickbuch

Writat

Diese Ausgabe erschien im Jahr 2024

ISBN: 9789359946894

Herausgegeben von
Writat
E-Mail: info@writat.com

VORWORT .

Die Strickbeispiele auf den folgenden Seiten wurden mit größter Sorgfalt ausgewählt (viele davon sind Originale) und sind alle so angeordnet, dass sie selbst für Laien verständlich sind.

Da Stricken sowohl bei älteren als auch bei kranken Menschen als abendliche Freizeitbeschäftigung sehr beliebt ist, wurde ein großes und auffälliges Modell gewählt, das eine zusätzliche Erleichterung bietet. Die Autorin vertraut auf die Empfehlung von „ MY KNITTING BOOK " und hofft in aller Bescheidenheit, dass es auf die gleiche großzügige Aufnahme stößt wie ihr „ HAND-BOOK OF NEEDLEWORK ".

Die zahlreichen Raubkopien, die an ihrem zuletzt erwähnten Werk verübt wurden, waren ein Anreiz, dieses kleine Buch zu veröffentlichen. Und angesichts des niedrigen Preises, zu dem es angesetzt ist, kann nur eine sehr große Auflage sie vor Verlusten bewahren. Einige wenige Beispiele wurden aus dem Kapitel über Stricken im „ HANDBUCH " ausgewählt.

3, New Burlington Street ,
November 1843.

Erklärung der beim Stricken verwendeten Begriffe.

Anschlagen. — Die erste Verflechtung der Baumwolle mit der Nadel.

Abketten. — Zwei Maschen stricken und die erste über die zweite ziehen und so weiter bis zur letzten Masche, die durch Durchziehen des Fadens gesichert werden soll.

Umschlagen. — Die Baumwolle um die Nadel herum nach vorne führen .

Verengen. — Verringern , indem zwei Maschen zusammengestrickt werden.

Nähen. — Eine Masche mit der Baumwolle vor der Nadel stricken .

Erweitern. — Vergrößern , indem man eine Masche macht, die Baumwolle um die Nadel legt und dieselbe Masche strickt, wenn dies geschieht.

Eine Wendung. – Zwei Reihen in derselben Masche, vorwärts und rückwärts.

Wenden. — Den Stich ändern .

Umdrehen. — Die Wolle nach vorne über die Nadel führen .

Eine Reihe. – Die Stiche von einem Ende der Nadel zum anderen.

Eine Runde. – Eine Reihe, wenn sich die Maschen auf zwei, drei oder mehr Nadeln befinden.

Eine einfache Reihe. – Diese besteht aus einfachem Stricken.

Eine Reihe mit Perlen stricken. — Mit der Baumwolle vor der Nadel stricken .

Rippenstricken. — Abwechselnd Reihen im Glatt- und Perlmuster stricken.

Den Faden nach vorne bringen. — Die Baumwolle nach vorne bringen , um einen offenen Stich zu machen.

Eine Schlaufenmasche. – Wird hergestellt, indem die Baumwolle vor die Nadel gebracht wird, die beim Stricken der nächsten Masche wieder ihren eigenen Platz einnimmt.

Eine Masche abheben oder überspringen. — Sie von einer Nadel auf die andere wechseln, ohne sie zu stricken .

Zum Befestigen. — Die beste Art zum Befestigen besteht darin, die beiden Enden entgegengesetzt zu platzieren und mit beiden ein paar Maschen zusammen zu stricken. Zum Stricken mit Seide oder feiner Baumwolle ist ein *Weberknoten* am besten geeignet.

Unterziehen. — Die Baumwolle von einer Nadel zur anderen führen, ohne ihre Position zu verändern .

Perlen-, Naht- und Rippenstich – sie alle bedeuten dasselbe.

NB: Die Nadelstärken *richten* sich nach der *Standard - Filière* .

Die folgende Gravur stellt die *Standard- Filière* oder Strick- und Webnadel dar gauge, ein vor einiger Zeit von der Autorin erfundenes und heute allgemein verwendete Instrument, mit dem die verschiedenen Größen von Strick- und Webnadeln mit größter Genauigkeit ermittelt werden können.

Die Standard- Filière .

Beim Erteilen oder Befolgen von Strickanleitungen ist es notwendig, die Stricker darauf hinzuweisen, dass sie bei ihrer Arbeit auf ein Mittelmaß achten und weder zu locker noch zu fest stricken dürfen.

Sibirische Manschetten.

Es werden neun Farbtöne deutscher Wolle benötigt, doppelt verwendet. – Nadeln Nr. 8.

Schlagen Sie mit der dunkelsten Farbe 64 Maschen an und stricken Sie drei einfache Reihen.

Vierte Reihe : Wolle nach vorne holen, zwei zusammenstricken.

Wiederholen Sie diese vier Reihen (die das Muster bilden) neun Mal – und nehmen Sie dabei jedes Mal einen helleren Wollton.

Eine gestrickte Seidenmanschette.

Grobe schwarze Netzseide. – Vier Nadeln, Nr. 22. Schlagen Sie mit drei Nadeln jeweils 28 Maschen an: – stricken Sie zwei glatte Runden.

Dritte Runde : Bringen Sie die Seide nach vorne, heben Sie eine Masche ab, stricken Sie eine Masche, ziehen Sie die abgehobene Masche darüber, stricken Sie eine Masche ... perlmaschenweise.

Wiederholen Sie die dritte Runde, bis die Manschette die gewünschte Tiefe hat; stricken Sie dann zwei einfache Runden, die dem Anfang entsprechen.

Offener Stich für Manschetten.

Mit grober Seide. – Vier Nadeln, Nr. 22.

Schlagen Sie auf jeder der drei Nadeln eine beliebige gerade Anzahl Maschen an.

Erste Runde – zwei zusammenstricken.

Zweite Runde – bringen Sie die Seide nach vorne, stricken Sie eine.

Dritte Runde – einfaches Stricken.

Wiederholen Sie die erste Runde.

Sehr hübsche Manschetten.

zwei Farben verwendet, beispielsweise Rot und Weiß. Am schönsten sind sie bei vierfädiger Vliesstickerei oder deutscher Wolle. – Sie benötigen zwei Nadeln Nr. 16 und zwei Nr. 20.

Schlagen Sie 46 Maschen an.	
Die Wolle nach vorne holen, zwei Maschen zusammenstricken.	Weiß .
Stricken Sie sechs einfache Reihen.	
Stricken Sie sechs einfache Reihen.	
Die Wolle nach vorne holen, zwei Maschen zusammenstricken.	Rot .
Stricken Sie sechs einfache Reihen.	
Stricken Sie sechs einfache Reihen.	
Die Wolle nach vorne holen, zwei Maschen zusammenstricken.	Weiß .

Stricken Sie sechs einfache Reihen.

Stricken Sie sechs einfache Reihen.

Die Wolle nach vorne holen, zwei Maschen zusammenstricken.   Rot .

Stricken Sie sechs einfache Reihen.

Stricken Sie sechs einfache Reihen.

Die Wolle nach vorne holen, zwei Maschen zusammenstricken.   Weiß .

Nehmen Sie die doppelte Menge Wolle und die doppelte Nadelstärke.

Eine einfache Reihe stricken.

Eine Reihe mit Perlen.

Stricken Sie zwei einfache Reihen.   Weiß .

Eine Reihe mit Perlen.

Eine Reihe stricken.

Eine einfache Reihe stricken.

Eine Reihe mit Perlen.   Rot .

Wiederholen Sie diese beiden roten und weißen Streifen abwechselnd viermal und beenden Sie die Arbeit mit den beiden Stichen zusammen, wie zu Beginn.

Die Manschetten werden nach der Fertigstellung oben umgeschlagen.

Muffatees mit zwei Farben .

Deutsche Wolle, drei Nadeln, Nr. 25. Die schönsten Farben sind Kirschrot und Braun; beginnend mit Braun. Schlagen Sie 88 Maschen an, nämlich 30 auf jeder der beiden Nadeln und 28 auf der dritten. Stricken Sie vier Runden, jeweils zwei Maschen abwechselnd in Perl- und Glattstrick.

Eine einfache Runde stricken.

Perle drei Runden.

Das Obengenannte hat alles eine Farbe , nämlich Braun.

Nehmen Sie zwei Maschen ab, ohne zu stricken, stricken Sie sechs mit dem Kirschrot. – Wiederholen Sie dies abwechselnd bis zum Ende der Runde.

Die nächsten neun Runden sind gleich.

Stricken Sie eine einfache Runde mit Braun.

Perle drei Runden.

Beginnen Sie erneut mit dem Kirschrot, indem Sie am Anfang der Runde nur vier Maschen stricken. Nehmen Sie dann zwei Maschen ab und stricken Sie wie zuvor abwechselnd sechs Maschen.

Diese Manschetten können auf jede gewünschte Länge gearbeitet werden und enden auf die gleiche Weise wie zu Beginn.

Muffatees für Herren .

Schlagen Sie mit doppelter deutscher Wolle 54 Maschen an. – Nadeln Nr. 14.

Erste Reihe : Wolle nach vorne holen, eine Masche abheben, zwei zusammenstricken. – Wiederholen.

Jede Reihe ist gleich, die erste und die letzte Masche sind glatt. Wenn sie fertig sind, werden sie zusammengenäht.

Schlichte gerippte Muffatees .

Es werden vier Nadeln benötigt.

Schlagen Sie auf jeder der drei Nadeln je nach gewünschter Größe achtzehn oder vierundzwanzig Maschen an.

Erste Runde : drei Maschen stricken, drei Maschen abketten – abwechselnd.

Zweite und folgende Runden: Wiederholen Sie die erste.

Noch ein Paar Muffatees .

Dreifädige Vlies- oder Zephyrwolle. – Nadeln Nr. 13.

Schlagen Sie 36 Maschen an.

Stricken Sie zwanzig einfache Maschen und sechzehn Doppelmaschen.

Wenn sie groß genug sind, stricken oder nähen Sie sie zusammen. Die doppelte Strickarbeit kommt über die Hand, die glatte Strickarbeit liegt eng am Handgelenk an.

Gestrickte Bündchen, Muschelmuster.

Diese können entweder aus Seide, Baumwolle oder feiner Wolle hergestellt werden. – Nadeln Nr. 22.

Schlagen Sie auf zwei Nadeln jeweils dreißig Maschen an und auf der dritten vierzig; stricken Sie eine einfache Runde.

Zweite Runde – eine Perle; den Faden zurückführen, eine stricken; eine Perle; den Faden nach vorne bringen, eine stricken, wodurch Sie eine Schlaufenmasche machen; – dies fünfmal wiederholen, was mit der Schlaufenmasche dreizehn Maschen ab der letzten Perlenmasche ergibt. Beginnen Sie das Muster erneut, wie am Anfang der Runde.

Dritte Runde – eine Perle, eine stricken, eine Perle, eine abheben, eine stricken, die Kettmasche darüber ziehen, neun stricken, zwei zusammen stricken. – Bis zum Ende der Runde wiederholen.

Vierte Runde – wie die dritte, außer dass nur sieben einfache Maschen gestrickt werden müssen.

Fünfte Runde – wie dritte, mit nur fünf einfachen Maschen.

Jetzt befinden sich noch genauso viele Maschen auf den Nadeln wie zu Beginn, nämlich sieben für den Muschelteil des Musters und drei für die Teilung.

Stricken Sie eine einfache Runde, mit Ausnahme der drei Teilungsmaschen, die wie zuvor gestrickt werden.

Beginnen Sie wieder wie bei der 2. Runde. Wenn die Bündchen lang genug sind, stricken Sie eine glatte Runde, die dem Anfang entspricht.

Die schönste Art, diese Manschetten zu stricken, besteht darin, das erste Muster in Kirschrot zu stricken, die nächsten fünf in Weiß, die nächsten fünf abwechselnd in Kirschrot und Weiß, dann fünf in Weiß und zum Abschluss eins in Kirschrot.

Doppelt gestrickte Bündchen.

Diese Manschetten sind am schönsten aus einfarbiger deutscher Wolle; es werden zwei Farben benötigt, beispielsweise Bordeaux und Weiß. Sie benötigen sechzehn Stränge weiße Wolle und acht Stränge Bordeaux – Nadeln Nr. 13.

Schlagen Sie 46 Maschen in Bordeaux an, stricken Sie vier Reihen in Perlmuster. Eine Reihe in Weiß perlmustern; in der nächsten ziehen Sie die

Wolle nach vorne und stricken zwei zusammen. Wiederholen Sie diese beiden Reihen in Weiß zweimal, sodass insgesamt sechs Reihen entstehen. Die vier Reihen in Bordeaux im Perlmuster und die sechs Reihen in Weiß werden nun abwechselnd wiederholt, bis jeweils sechs Streifen gestrickt sind. Dann:

Nehmen Sie auf der rechten Seite an einem der schmalen Enden siebzig Maschen in Bordeauxrot auf und stricken Sie eine Reihe mit Perlen. Wiederholen Sie die sechs Reihen in Weiß, beenden Sie mit den vier Reihen in Bordeauxrot und ketten Sie ab.

Wiederholen Sie dasselbe am anderen Ende der Manschette. Beachten Sie dabei, dass die Rüsche auf der linken Seite gestrickt wird.

Nähen Sie die Manschetten zusammen und legen Sie sie doppelt, so dass die Rüsche an einem Ende über der am anderen Ende hervorragt.

Eine Brioche [A].

Der *Brioche* -Strickstich ist einfach: Wolle nach vorne holen, eine Masche abheben, zwei zusammenstricken.

Ein Brioche besteht aus sechzehn geraden schmalen Streifen und sechzehn breiten Streifen, wobei letztere nach oben oder zur Mitte des Kissens hin allmählich an Breite verlieren. Es kann aus dreifädigem Vlies oder doppelter deutscher Wolle mit Elfenbein- oder Holznadeln, Nr. 8, hergestellt werden.

Schlagen Sie für den schmalen Streifen 90 Maschen in Schwarz an, stricken Sie zwei Maschen, dann drei Maschen in Gold und wieder zwei Maschen in Schwarz. Damit ist der schmale Streifen fertig.

Der konische Streifen wird wie folgt gestrickt: – Bringen Sie die Wolle nach vorne, stricken Sie zwei Maschen zusammen, zweimal, und wenden Sie; stricken Sie diese zwei und zwei weitere schwarze Maschen und wenden Sie; fahren Sie so fort, wobei Sie jedes Mal zwei weitere schwarze Maschen nehmen, bis Sie zwei Maschen von der Spitze entfernt sind, und wenden Sie; die Wolle befindet sich nun am unteren oder breiten Teil des Streifens. Beginnen Sie wieder mit dem Schwarz, wie beim vorherigen schmalen Streifen, und stricken Sie die beiden schwarzen Maschen an der Spitze. Es ist auch möglich, die schmalen Streifen zu verkleinern, indem Sie sie wenden, wenn Sie sich innerhalb von zwei Maschen von der Spitze befinden, in der mittleren Reihe der Goldfarbe .

Unter einer *Wendung* versteht man eine Reihe und wieder zurück.

Die Farben für die konischen Streifen können zwei oder vier beliebige Farben sein , die gut zusammenpassen; oder jede Farbe kann unterschiedlich sein. Wenn der letzte konische Streifen fertig ist, wird er an den ersten schmalen Streifen gestrickt. – Die Brioche besteht aus einem steifen Boden aus Pappe, etwa 20 cm im Durchmesser, der mit Stoff bedeckt ist. Die Oberseite wird zusammengezogen und in der Mitte mit einem Büschel weicher Wolle oder einer Kordel und Quasten befestigt. Sie sollte mit Daunen oder feiner gekämmter Wolle gefüllt werden.

[A] So genannt wegen seiner Ähnlichkeit in der Form mit dem bekannten französischen Kuchen gleichen Namens.

Stricken mit Fransenmuster.

Schlagen Sie mit deutscher Wolle (Nadeln Nr. 10) eine beliebige gerade Anzahl Maschen an.

Drehen Sie die Wolle um die Nadel und bringen Sie sie wieder nach vorne; stricken Sie zwei Maschen zusammen, die Sie nach vorne nehmen.

Jede Reihe ist gleich.

Eine Opernmütze.

Nadeln Nr. 10 – Doppelte deutsche Wolle oder dreifädiges Vlies.

Schlagen Sie achtzig Maschen an – weiß.

| Perle eine Reihe, | |
| Eine Reihe stricken, | Weiß . |

Perlen eine Reihe,— farbig . In der nächsten Reihe,—

Nehmen Sie die Wolle vor die Nadel und stricken Sie zwei Maschen zusammen.

Perle eine Reihe,	
Eine Reihe stricken,	Weiß .
Perle eine Reihe,	
Eine Reihe stricken,	Weiß .

Das Obenstehende bildet die Grenze.

1. Liga – Farbig .

Eine Reihe mit Perlen.

Eine Reihe stricken und dabei an jedem Ende eine Masche abnehmen.

Eine Reihe stricken.

Stricken Sie eine Zierreihe, indem Sie die Wolle nach vorne holen und zwei Maschen zusammenstricken.

Zweitens : weiß.

Eine Reihe mit Perlen stricken und an jedem Ende eine Masche abnehmen.

Eine Reihe stricken und an jedem Ende zwei Maschen abnehmen.

Eine Reihe stricken und dabei an jedem Ende eine Masche abnehmen.

Stricken Sie wie zuvor eine Zierreihe.

Drittens : farbig .

Eine Reihe mit Perlen stricken und an jedem Ende eine Masche abnehmen.

Eine Reihe stricken und dabei an jedem Ende eine Masche abnehmen.

Eine Reihe stricken, *ohne* abzunehmen.

Stricken Sie die Zierreihe wie zuvor.

Vierte , *Fünfte* , *Sechste* , *Siebte* —

farbiger Wolle wiederholt .

Achte – weiß. *Neunte* – farbig .

Bei diesen beiden letzten Unterteilungen müssen jeweils nur zwei Maschen abgenommen werden; dies erfolgt in der Reihe nach der Perle, d.h. an jedem Ende eine Masche.

NB: In der letzten Reihe sollten noch 46 Maschen auf der Nadel sein.

Nehmen Sie auf jeder Seite dreißig Maschen auf und machen Sie die Ränder an den Seiten und hinten so wie vorne.

Machen Sie die Kappe, indem Sie den Rand in die Zierreihe einschlagen und ihn rundherum säumen: Er wird hinten und unter dem Kinn mit Bändern oder geflochtener Wolle mit Quasten aus demselben Material zusammengebunden.

Ein Sontag oder Cephaline

Der Rand für diese Mütze wird auf die gleiche Weise wie der vorhergehende gestrickt: – Anschlag von 102 Maschen; – einfache deutsche Wolle; – Nadeln Nr. 15.

Stricken Sie eine Reihe in Weiß, um die Perle auf die rechte Seite zu bringen. Dann:

Führen Sie die Wolle beim dunkelsten Farbton um die Nadel, stricken Sie zwei Perlen zusammen, eine Perlenmasche. – Wiederholen Sie dies bis zum Ende der Reihe.

In der nächsten Reihe: Wolle nach vorne bringen, zwei zusammenstricken, eine stricken. – Bis zum Ende der Reihe wiederholen.

Stricken Sie 42 Reihen auf die gleiche Weise und nehmen Sie dabei am Ende fast jeder Reihe eine Masche auf, so dass sich die Anzahl der Maschen in der letzten Reihe auf 72 verringert. Achten Sie dabei auf ein regelmäßiges Muster und wechseln Sie alle zwei Reihen die Farbe .

Nehmen Sie auf jeder Seite vierzig Maschen auf und stricken Sie eine Reihe Weiß um alle drei Seiten: Stricken Sie eine weitere Reihe, um die Perle zu machen, und schließen Sie den Rand mit weißer und farbiger Wolle ab, wie bei der vorherigen Mütze. Schließen Sie mit Bändern oder Kordeln und Quasten ab.

Der Rand ist in Weiß gestrickt, und der mittlere Farbton der Farbe , die auch im Kopfteil verwendet wird. Am schönsten ist es in fünf verschiedenen Farbtönen einer beliebigen Farbe , mit einer oder zwei Reihen Weiß zwischen jeder Farbunterteilung.

Eine Motorhaubenkappe.

Schlagen Sie für den Rand neunzig Maschen mit haarbrauner deutscher Wolle an – Nadeln Nr. 16.

Erste, zweite und dritte Reihe: einfaches Stricken.

Vierte Reihe – Wolle nach vorne bringen, zwei Maschen zusammenstricken. Dann –

Beginnen Sie mit einer anderen Farbe , sagen wir Weiß.

Fünfte, sechste und siebte Reihe – einfaches Stricken.

Achte Reihe – Wolle nach vorne holen, zwei zusammenstricken.

Wiederholen Sie diese letzten vier Reihen sieben Mal: dann den braunen Rand wie zuvor. Sie bilden ein etwa vier Zoll breites Band, das an den beiden Enden hochgezogen und mit Schnüren am Kinn festgebunden werden soll.

Dann schlagen Sie vierzig Maschen an und beginnen mit einem weiteren Band mit dem braunen Rand wie oben – drei Reihen des Musters in Weiß und wiederholen den braunen Rand. Dieses wird auf das Kopfstück genäht oder gestrickt und bildet das Band für die Rückseite. Ein Band wird hindurchgeführt, um es eng am Kopf festzubinden.

Doppelstricken für Bettdecken usw.

Benötigt werden große Nadeln, Nr. 1, und vierfädiges Fleece.

Schlagen Sie eine beliebige gerade Maschenzahl an.

Erste Reihe : Wolle nach vorne holen, eine Masche abheben, Wolle zurückführen, eine Masche stricken und dabei die Wolle zweimal um die Nadel drehen. – Bis zum Ende der Reihe wiederholen.

Jede folgende Reihe ist gleich. – Die in einer Reihe gestrickte Masche ist die Kettmasche in der nächsten.

Gestrickte Spitze.

Schlagen Sie mit sehr feiner Baumwolle oder Garn zwölf Maschen an. – Nadeln Nr. 25.

Erste Reihe – eine abheben, zwei stricken, eine perlmasche, zwei zusammenstricken, den Faden einmal um die Nadel drehen, zwei stricken, eine perlmasche, eine stricken, den Faden einmal um die Nadel drehen, zwei stricken, auf der Rückseite zusammengenommen.

Zweite Reihe – eine Masche abheben, eine Masche stricken, den Faden zweimal um die Nadel drehen, zwei Maschen stricken, zwei Maschen zusammenperln; den Faden einmal um die Nadel drehen, eine Masche stricken, zwei Maschen zusammenperln; den Faden zweimal um die Nadel drehen, zwei Maschen zusammenperln; eine Masche stricken.

Dritte Reihe – eine abheben; zwei stricken; eine abperlen; zwei stricken; den Faden einmal um die Nadel drehen, zwei zusammenstricken, auf der Rückseite genommen; eine stricken; zwei zusammenstricken; drei stricken.

Vierte Reihe – eine abheben, den Faden einmal um die Nadel drehen, eine perlmasche stricken, zwei zusammenstricken, den Faden einmal um die

Nadel drehen, vier stricken, zwei perlmaschen zusammenstricken, den Faden zweimal um die Nadel drehen, zwei perlmaschen zusammenstricken, eine stricken.

Fünfte Reihe – eine Masche abheben, zwei stricken, eine perlmasche abstricken, zwei stricken, zwei zusammenstricken, den Faden zweimal um die Nadel drehen, drei stricken, zwei perlmaschen zusammenstricken, eine stricken.

Sechste Reihe – eine Masche abheben; eine Masche stricken, die Kettmasche darüberziehen; eine Masche abheben; eine Masche stricken, die Kettmasche darüberziehen; eine Masche abheben; eine Masche stricken, die Kettmasche darüberziehen; eine Masche abheben; zwei Maschen stricken; den Faden einmal um die Nadel drehen, zwei zusammen perlmustern; den Faden einmal um die Nadel drehen, zwei zusammen perlmustern; eine Masche stricken; den Faden zweimal um die Nadel drehen, zwei zusammen perlmustern; eine Masche stricken.

Jetzt sollten sich wie zu Beginn zwölf Maschen auf der Nadel befinden. – Ab der ersten Reihe wiederholen.

Gestrickter Einsatz.

Schlagen Sie neun Maschen mit feiner Baumwolle an; Nadel Nr. 23.
Eine abheben; zwei stricken; die Baumwolle nach vorne holen, zwei zusammenstricken; eine stricken; die Baumwolle nach vorne holen, zwei zusammenstricken; eine abperlen. – Wiederholen.
Dies kann zum Besatz von Musselinvorhängen usw. verwendet werden.

Korallenbesatz für ein Musselinkleid.

Schlagen Sie zwei Maschen an. – Nadeln Nr. 2, eher kurz.

Drehen Sie die Wolle um die Nadel, sodass sie wieder nach vorne kommt; stricken Sie die beiden Maschen rechts und nehmen Sie sie vorne zusammen.

Jede Reihe ist gleich.

Gerstenkorn-Stich.

Schlagen Sie mit achtfädiger Zephyr-Fleecewolle oder doppelter deutscher Wolle und Nadeln Nr. 2 eine beliebige ungerade Anzahl Maschen an.

Lassen Sie die erste Masche gleiten und halten Sie dabei die Wolle vor der Nadel. Drehen Sie die Wolle um die Nadel, um sie wieder nach vorne zu bringen. Stricken Sie zwei Maschen zusammen, die Sie nach vorne nehmen. Drehen Sie die Wolle weiter um die Nadel und stricken Sie zwei Maschen zusammen bis zum Ende der Reihe. Alle Reihen sind gleich.

Dabei erscheinen die beiden zusammenzuführenden Maschen immer wie zusammengebunden.

Ein Muff in Zobelfarben .

Schlagen Sie siebzig oder achtzig Maschen an.

Erste, zweite und dritte Reihe: einfaches Stricken.

Vierte Reihe : Wolle nach vorne bringen, zwei Maschen zusammenstricken, hinten aufgenommen. – Bis zum Ende der Reihe wiederholen.

Wiederholen Sie diese vier Reihen, bis das Stück etwa 45 cm lang ist, vorausgesetzt, dass die Schattierung richtig sitzt.

Sie benötigen zwei Nadeln Nr. 8 und doppelte deutsche Wolle in vier verschiedenen Farbtönen, die der Farbe des Zobels entsprechen. Beginnen Sie mit dem hellsten Farbton, dann mit dem zweiten, dritten und dunkelsten, und kehren Sie diese wieder um, bis Sie wieder zum hellsten Farbton gelangen.

Noch ein Muff.

Schlagen Sie 45 Maschen an. – Nadeln Nr. 8.

Jede Reihe wird gleich gestrickt, mit einer Kettmasche am Anfang; – eine rechts, eine perlmasche. – Bis zum Ende der Reihe wiederholen.

Um einen Muff mittlerer Größe herzustellen, wird ein etwa zwanzig Zoll langes Stück benötigt, das mit Gros de Naples gefüttert und mit Wolle und ausreichend Pferdehaar ausgestopft werden sollte, um seine Form zu behalten. An den Enden können Kordeln und Quasten in der Farbe des Muffs angenäht oder mit Bändern hochgezogen werden.

Enger Stich für eine Weste usw.

Farben zu stricken , beispielsweise Bordeauxrot und Blau. Nadeln Nr. 18. Deutsche Wolle.

Erste Reihe – mit Weinrot – eine Masche stricken, eine abheben. – Bis zum Ende der Reihe wiederholen.

Zweite Reihe – mit Bordeauxrot – 1 Masche stricken, Wolle nach vorne holen, 1 Masche abheben, Wolle zurücklegen, 1 Masche stricken. – Bis zum Ende der Reihe wiederholen.

Dritte Reihe – mit Weinrot – eine Masche abheben, eine stricken. – Bis zum Ende der Reihe wiederholen.

Vierte Reihe – mit Weinrot – Wolle nach vorne holen, eine Masche abheben, Wolle zurücklegen, stricken one. – Bis zum Ende der Reihe wiederholen.

Fünfte und sechste Reihe – dieselben wie die erste und zweite – in Blau.

Beginnen Sie erneut wie in der ersten Reihe.

Lange Ärmel zum Tragen unter dem Kleid.

Nadeln Nr. 17 und 6-fädiges Stickvlies.

Schlagen Sie sehr locker 42 Maschen an und stricken Sie abwechselnd drei Maschen rechts und links, bis Sie zwölf Runden lang sind.

Zehn Umdrehungen glatt stricken .

Stricken Sie 35 Maschen glatt rechts und nehmen Sie am Anfang und Ende jeder Masche eine Masche zu.

Zwanzig Runden glatt rechts stricken – dabei bei jeder zweiten Runde eine Masche zunehmen.

Wiederholen Sie die zwölf Runden wie zu Beginn.

DIE FOLGENDEN ZWÖLF MUSTER SIND FÜR D'OYLEYS, TIDIES, FISH- ODER BASKET- SERVIETTEN BESTIMMT. SIE SIND MIT STRICKBAUMWOLLE NR. 14 UND NADELN NR. 19 ZU ARBEITEN. – SIE KÖNNEN AUCH, DURCH EINEN MATERIALWECHSEL, FÜR SCHALS, DECKEN, TASCHEN UND VIELE ANDERE ARTIKEL ANGEPASST WERDEN.

I.
Blatt- und Gittermuster.

Schlagen Sie eine beliebige Anzahl Maschen an, die durch zwanzig teilbar ist – jedes Muster besteht aus zwanzig Maschen.

Erste Reihe – Perlenstricken.

Zweite Reihe – fünf Maschen stricken; (a) Faden nach vorne holen, zwei Maschen zusammenstricken, dreimal; Faden nach vorne holen, zwei Maschen stricken; zwei Maschen zusammenstricken; zehn Maschen stricken. – Ab (a) wiederholen.

Dritte Reihe – Perlenstricken.

Vierte Reihe – sechs Maschen stricken; (b) Faden nach vorne holen, zwei zusammen stricken, dreimal; Faden nach vorne holen, zwei stricken; zwei zusammen stricken; fünf stricken; zwei zusammen stricken; zwei stricken; Faden nach vorne holen, eine stricken. – Ab (b) wiederholen.

Fünfte Reihe – Perlenstricken.

Sechste Reihe – sieben Maschen stricken; (c) Faden nach vorne holen, zwei zusammenstricken, dreimal; Faden nach vorne holen, zwei stricken; zwei zusammenstricken; drei stricken; zwei zusammenstricken; zwei stricken; Faden nach vorne holen, drei stricken. – Ab (c) wiederholen.

Siebte Reihe – Perlenstricken.

Achte Reihe – acht Maschen stricken; (d) Faden nach vorne holen, zwei Maschen zusammenstricken, dreimal; Faden nach vorne holen, zwei Maschen stricken; zwei Maschen zusammenstricken; eine Masche stricken; zwei Maschen zusammenstricken; Faden nach vorne holen, fünf Maschen stricken. – Ab (d) wiederholen.

Neunte Reihe – Perlenstricken.

Zehnte Reihe – neun Maschen stricken; (e) Faden nach vorne holen, zwei zusammen stricken, dreimal; Faden nach vorne holen, zwei stricken; eine abheben; zwei zusammen stricken, die abgehobene Masche darüberziehen; zwei stricken; Faden nach vorne holen, sieben stricken. – Ab (e) wiederholen.

Elfte Reihe – Perlenstricken.

Zwölfte Reihe – (f) fünf Maschen stricken; zwei zusammenstricken; zwei Maschen stricken; den Faden nach vorne holen, zwei zusammenstricken, dreimal; den Faden nach vorne holen, eine Masche stricken; den Faden nach vorne holen, zwei Maschen stricken; zwei zusammenstricken. – Ab (f) wiederholen.

Dreizehnte Reihe – Perlenstricken.

Vierzehnte Reihe – vier Maschen stricken; (g) zwei zusammen stricken; zwei stricken; den Faden nach vorne holen, zwei zusammen stricken, dreimal; den Faden nach vorne holen, drei stricken; den Faden nach vorne holen, zwei stricken; zwei zusammen stricken; drei stricken. – Ab (g) wiederholen.

Fünfzehnte Reihe – Perlenstricken.

Sechzehnte Reihe – drei Maschen stricken; (h) zwei zusammen stricken; zwei stricken; den Faden nach vorne holen, zwei zusammen stricken, dreimal; den Faden nach vorne holen, fünf stricken; den Faden nach vorne holen, zwei stricken; zwei zusammen stricken; eine stricken. – Ab (h) wiederholen.

Siebzehnte Reihe – Perlenstricken.

Achtzehnte Reihe – zwei stricken; zwei zusammen stricken; (i) zwei stricken; den Faden nach vorne holen, zwei zusammen stricken, dreimal; den Faden nach vorne holen, sieben stricken; den Faden nach vorne holen, zwei stricken; eine abheben; zwei zusammen stricken, die abgehobene Masche darüber ziehen. – Ab (i) wiederholen.

Neunzehnte Reihe – Perlenstricken.

Zwanzigste Reihe – Beginnen Sie erneut wie in der vierten Reihe.

II .
Rosenblattmuster.

Dieses Muster kann mit einer beliebigen Anzahl von Stichen gearbeitet werden, die durch zehn teilbar ist, wobei drei Stiche hinzugefügt werden – einer für die Symmetrie des Musters und zwei für die Ränder.

NB: Das Ende jeder Reihe muss genau gleich (umgekehrt) wie der Anfang sein.

Schlagen Sie 43 Maschen an, stricken Sie eine Reihe mit Perlstrickstichen.

Erste Reihe – eine Masche stricken; (a) eine Masche abketten; zwei zusammenstricken; zwei stricken; Faden nach vorne holen, eine Masche stricken; Faden nach vorne holen, zwei stricken; zwei zusammenstricken. – Ab (a) wiederholen.

Zweite Reihe – eine Masche stricken; (b) eine Masche stricken; zwei Perlen zusammenstricken; eine Perle; den Faden nach vorne holen und um die Nadel drehen, Perle drei; den Faden um die Nadel drehen, Perle eins; zwei Perlen zusammenstricken. – Ab (b) wiederholen.

Dritte Reihe – eine Masche stricken; (c) eine Masche abketten; zwei zusammenstricken; Faden nach vorne holen, fünf stricken; Faden nach vorne holen, zwei zusammenstricken. – Ab (c) wiederholen.

Vierte Reihe – eine Masche stricken, zwei Perlen zusammenstricken; (d) den Faden nach vorne holen und um die Nadel drehen, Perle sieben; den Faden nach vorne holen und um die Nadel drehen, Perle drei zusammenstricken. – Ab (d) wiederholen.

Fünfte Reihe – zwei Maschen stricken; Faden nach vorne holen, zwei Maschen stricken; zwei Maschen zusammen stricken; wie in der ersten Reihe ab (a) wiederholen.

Sechste Reihe – eine Masche stricken, zwei Perlen stricken, den Faden nach vorne holen und um die Nadel wickeln, eine Perle stricken, zwei Perlen zusammen stricken, wie in der zweiten Reihe ab (b) wiederholen.

Siebte Reihe : vier Maschen stricken, den Faden nach vorne holen, zwei zusammenstricken; wie in der dritten Reihe ab (c) wiederholen.

Achte Reihe – eine Masche stricken, vier Perlenstricken, den Faden nach vorne holen und um die Nadel drehen, drei Perlenstricken zusammenstricken; wie in der vierten Reihe ab (d) wiederholen.

Neunte Reihe – Beginnen Sie erneut wie in der ersten Reihe.

III.
Punktemuster.

Schlagen Sie für jedes Muster sechs Maschen an, und zwei zusätzlich für den Rand.

Erste Reihe – Zwei Maschen stricken; (a) zwei Maschen zusammenstricken; Faden nach vorne holen, einen stricken; Faden nach vorne holen, zwei Maschen zusammenstricken; einen stricken. – Ab (a) wiederholen.

Zweite Reihe – einfaches Stricken.

Dritte Reihe – zwei zusammenstricken; eine stricken; (b) Faden nach vorne holen, drei stricken; Faden nach vorne holen, drei zusammenstricken. – Ab (b) wiederholen. – Am Ende dieser Reihe die letzten beiden Maschen rechts stricken.

Vierte Reihe – einfaches Stricken.

Fünfte Reihe – zwei Maschen stricken; (c) Faden nach vorne holen, zwei Maschen zusammenstricken; eine Masche stricken; zwei Maschen zusammenstricken; Faden nach vorne holen, eine Masche stricken. – Ab (c) wiederholen.

Sechste Reihe – einfaches Stricken.

Siebte Reihe – drei Maschen stricken, Faden nach vorne holen, drei zusammen stricken, Faden nach vorne holen. – Wiederholen. – Am Ende dieser Reihe Faden nach vorne holen, zwei Maschen stricken.

Achte Reihe – einfaches Stricken.

IV.
Gotisches Muster.

Schlagen Sie eine beliebige Anzahl Maschen an, die durch zehn teilbar ist. – Stricken Sie vier einfache Reihen.

Fünfte Reihe – eine Masche stricken; den Faden nach vorne holen, drei Maschen stricken; (a) eine Masche abheben; zwei Maschen zusammen stricken, die abgehobene Masche darüberziehen; drei Maschen stricken; den Faden nach vorne holen, eine Masche stricken; den Faden nach vorne holen, drei Maschen stricken. – Ab (a) wiederholen.

Sechste Reihe – Perlenstricken.

Wiederholen Sie die fünfte und sechste Reihe dreimal und beginnen Sie erneut mit den vier einfachen Reihen.

V.
Schottisches Muster.

Schlagen Sie für jedes Muster sieben Maschen an.

Erste Reihe – zwei Maschen stricken, zwei zusammenstricken, Faden nach vorne holen, eine Masche stricken, Faden nach vorne holen, zwei zusammenstricken. – Wiederholen.

Zweite Reihe – einfaches Stricken.

Dritte Reihe – eine Masche stricken; (a) zwei Maschen zusammenstricken; Faden nach vorne holen, drei Maschen stricken; Faden nach vorne holen, zwei Maschen zusammenstricken. – Ab (a) wiederholen.

Vierte Reihe – einfaches Stricken.

Fünfte Reihe – zwei Maschen stricken, Faden nach vorne holen, zwei zusammenstricken; eine stricken; zwei zusammenstricken; Faden nach vorne holen. – Wiederholen.

Sechste Reihe – einfaches Stricken.

Siebte Reihe – zwei Maschen stricken, Faden nach vorne holen, zwei zusammenstricken; eine Masche stricken; zwei zusammenstricken; Faden nach vorne holen. – Wiederholen.

Achte Reihe – einfaches Stricken.

Neunte Reihe – zwei Maschen stricken, Faden nach vorne holen, zwei zusammenstricken; eine Masche stricken; zwei zusammenstricken; Faden nach vorne holen. – Wiederholen.

Zehnte Reihe – einfaches Stricken.

Elfte Reihe – drei Maschen stricken, Faden nach vorne holen, drei zusammen stricken, Faden nach vorne holen, eine stricken. – Wiederholen.

Zwölfte Reihe – einfaches Stricken.

Dreizehnte Reihe – drei Maschen stricken, zwei zusammen stricken, den Faden nach vorne holen, drei Maschen stricken. – Wiederholen.

Vierzehnte Reihe – glattes Stricken.

Beginnen Sie erneut wie in der ersten Reihe.

VI.
Chevron-Muster.

Schlagen Sie eine beliebige Anzahl Maschen an, die durch acht teilbar ist.

Erste Reihe – Perlenstricken.

Zweite Reihe : zwei zusammenstricken, drei stricken, den Faden nach vorne holen, drei stricken. – Wiederholen.

Wiederholen Sie diese beiden Reihen zweimal, sodass insgesamt sechs Reihen entstehen.

Das Muster, wie oben gearbeitet, wendet sich nach links; in den nächsten sechs Reihen sollte es sich nach rechts wenden – dies geschieht dadurch, dass der Faden vor der offenen Masche der vorhergehenden Reihe nach vorne gebracht wird.

Beginnen Sie wieder wie bei der ersten Reihe, indem Sie abwechselnd sechs Reihen mit dem Muster nach links und sechs Reihen mit dem Muster nach rechts stricken.

VII.
Vandyke-Muster.

Schlagen Sie eine beliebige Anzahl Maschen an, die durch zehn teilbar ist.

Erste Reihe – Perlenstricken.

Zweite Reihe – einfaches Stricken.

Dritte Reihe – Perlenstricken.

Vierte Reihe – Faden nach vorne holen, zwei stricken; zwei zusammen stricken; eine abperlen; zwei zusammen stricken; zwei stricken; Faden nach vorne holen, eine stricken. – Wiederholen.

Beginnen Sie erneut wie in der ersten Reihe.

VIII.
Spitzenmuster.

Schlagen Sie eine beliebige Anzahl Maschen an, die durch sechs teilbar ist.

Erste Reihe – eine Masche stricken, zwei zusammenstricken, Faden nach vorne holen, eine Masche stricken, Faden nach vorne holen, zwei zusammenstricken. – Wiederholen.

Zweite Reihe – Perlenstricken.

Wiederholen Sie die ersten beiden Reihen viermal, sodass insgesamt zehn Reihen entstehen.

Elfte Reihe – zwei zusammen stricken; (a) Faden nach vorne holen, drei stricken; Faden nach vorne holen, drei in einer stricken (indem die erste Masche abgehoben, die zweite gestrickt und die abgehobene Masche über die gestrickte gezogen wird; dann die letzte Masche von der rechten Nadel auf die linke Nadel ziehen, die zweite Masche über die erste ziehen und die Masche wieder auf die rechte Nadel zurückziehen). – Ab (a) wiederholen.

Zwölfte Reihe – Perlenstricken.

Dreizehnte Reihe – eine Masche stricken, den Faden nach vorne holen, zwei zusammenstricken; eine Masche stricken, zwei zusammenstricken; den Faden nach vorne holen. – Wiederholen. – Diese Reihe beenden, indem Sie den Faden nach vorne holen und zwei zusammenstricken, um eine Abnahme zu verhindern.

Vierzehnte Reihe – Perlenstricken.

Wiederholen Sie die letzten beiden Reihen viermal.

Dreiundzwanzigste Reihe – zwei Maschen stricken; (b) Faden nach vorne holen, drei in einer stricken (wie zuvor); Faden nach vorne holen, drei Maschen stricken. – Ab (b) wiederholen.

Beginnen Sie erneut wie in der ersten Reihe.

IX.
Fischgrätenmuster.

Schlagen Sie eine beliebig ungerade Maschenzahl an.

Erste Reihe : Eine Masche abheben, eine Masche stricken; (a) Faden nach vorne holen, eine Masche abheben und nach vorne nehmen; eine Masche stricken, die Kettmasche darüberziehen; zwei Maschen stricken. – Ab (a) wiederholen. – Am Ende der Reihe sind drei rechte Maschen zu stricken.

Zweite Reihe : Eine Masche abheben; (b) den Faden um die Nadel drehen und wieder nach vorne bringen; zwei Perlen zusammenstricken; zwei Perlen. – Ab (b) wiederholen.

X.
Deutsches Muster.

Schlagen Sie für jedes Muster einundzwanzig Maschen an.

Erste Reihe – Perlenstricken.

Zweite Reihe – zwei zusammenstricken; drei stricken; zwei zusammenstricken; eine stricken; Faden nach vorne holen, eine stricken; Faden nach vorne holen, eine stricken; zwei zusammenstricken; drei stricken; zwei zusammenstricken; eine stricken; Faden nach vorne holen, eine stricken; Faden nach vorne holen, zwei stricken. – Wiederholen.

Dritte Reihe – Perlenstricken.

Vierte Reihe – zwei zusammenstricken; eine stricken; zwei zusammenstricken; eine stricken; Faden nach vorne holen, drei stricken; Faden nach vorne holen, eine stricken; zwei zusammenstricken; eine stricken; zwei zusammenstricken; eine stricken; Faden nach vorne holen, drei stricken; Faden nach vorne holen, zwei stricken. – Wiederholen.

Fünfte Reihe – Perlenstricken.

Sechste Reihe – eine Masche abheben; zwei zusammenstricken, die Kettmasche darüberziehen; eine stricken; den Faden nach vorne holen, fünf stricken; den Faden nach vorne holen, eine stricken; eine abheben; zwei zusammenstricken, die Kettmasche darüberziehen; eine stricken; den Faden nach vorne holen, fünf stricken; den Faden nach vorne holen, zwei stricken. – Wiederholen.

Siebte Reihe – Perlenstricken.

Achte Reihe – zwei stricken; Faden nach vorne holen, eine stricken; Faden nach vorne holen, eine stricken; zwei zusammen stricken; drei stricken; zwei zusammen stricken; eine stricken; Faden nach vorne holen, eine stricken; Faden nach vorne holen, eine stricken; zwei zusammen stricken; drei stricken; zwei zusammen stricken – Wiederholen.

Neunte Reihe – Perlenstricken.

Zehnte Reihe – zwei stricken; Faden nach vorne holen, drei stricken; Faden nach vorne holen, eine stricken; zwei zusammen stricken; eine stricken; zwei zusammen stricken; eine stricken; Faden nach vorne holen, drei stricken; Faden nach vorne holen, eine stricken; zwei zusammen stricken; eine stricken; zwei zusammen stricken. – Wiederholen.

Elfte Reihe – Perlenstricken.

Zwölfte Reihe – zwei Maschen stricken; Faden nach vorne holen, fünf Maschen stricken; Faden nach vorne holen, eine Masche stricken; eine abheben; zwei Maschen zusammen stricken, die Kettmasche darüber ziehen; eine stricken; Faden nach vorne holen, fünf Maschen stricken; Faden nach vorne holen, eine Masche stricken; eine abheben; zwei Maschen zusammen stricken, die Kettmasche darüber ziehen. – Wiederholen.

Beginnen Sie erneut wie in der ersten Reihe.

XI.
Rautenmuster.

Schlagen Sie für jedes Muster acht Maschen an.

Erste Reihe : Faden nach vorne holen, einen Faden stricken; Faden nach vorne holen, zwei zusammen stricken; drei stricken; zwei zusammen stricken. – Wiederholen.

Zweite Reihe – Perlenstricken.

Dritte Reihe : Faden nach vorne holen, drei stricken; Faden nach vorne holen, zwei zusammen stricken; einen stricken; zwei zusammen stricken. – Wiederholen.

Vierte Reihe – Perlenstricken.

Fünfte Reihe : Faden nach vorne holen, fünf Maschen stricken; Faden nach vorne holen, eine abheben; zwei zusammen stricken, die Kettmasche darüberziehen. – Wiederholen.

Sechste Reihe – Perlenstricken.

Siebte Reihe – zwei zusammenstricken; drei stricken; zwei zusammenstricken; Faden nach vorne holen, einen stricken; Faden nach vorne holen. – Wiederholen.

Achte Reihe – Perlenstricken.

Neunte Reihe – zwei zusammenstricken; eine stricken; zwei zusammenstricken; Faden nach vorne holen, drei stricken; Faden nach vorne holen. – Wiederholen.

Zehnte Reihe – Perlenstricken.

Elfte Reihe – Faden nach vorne holen, drei stricken; Faden nach vorne holen, zwei zusammen stricken; einen stricken; zwei zusammen stricken. – Wiederholen.

Beginnen Sie erneut mit der vierten Reihe.

XII .
Schalenmuster.

Schlagen Sie für jedes Muster 25 Maschen an.

Erste Reihe : viermal zwei zusammenstricken; achtmal den Faden nach vorne holen und eine Masche stricken; viermal zwei zusammenstricken; eine Masche abketten. – Wiederholen.

Zweite Reihe – Perlenstricken.

Dritte Reihe – einfaches Stricken.

Vierte Reihe – Perlenstricken.

Beginnen Sie erneut wie in der ersten Reihe.

Zopfmusterstricken.

Schlagen Sie mit deutscher Wolle (Nadeln Nr. 18) eine beliebige Anzahl Maschen an, die durch sechs teilbar ist.

Erste Reihe – Perlenstricken.

Zweite Reihe – einfaches Stricken.

Dritte Reihe – Perlenstricken.

Vierte Reihe – einfaches Stricken.

Fünfte Reihe – Perlenstricken.

Sechste Reihe – einfaches Stricken.

Siebte Reihe – Perlenstricken.

Achte Reihe : Drei Maschen auf eine dritte Nadel gleiten lassen, wobei die Nadel immer vorne bleibt; die nächsten drei Maschen stricken; dann die drei Maschen stricken, die auf die dritte Nadel gleiten; die dritte Nadel erneut nehmen und drei weitere Maschen darauf gleiten lassen, wobei die Nadel wie zuvor vorne bleibt, und die nächsten drei Maschen stricken; dann die drei Maschen stricken, die auf die dritte Nadel gleiten; auf die gleiche Weise bis zum Ende der Reihe fortfahren.

Beginnen Sie erneut wie in der ersten Reihe.

Eine Geldbörse.

Schlagen Sie einhundert Maschen an. – Nadeln Nr. 20.

Erste Reihe – eine abheben, eine stricken, die Kettmasche darüberziehen, den Faden nach vorne holen, eine stricken, den Faden nach vorne holen, eine perlmasche. – Bis zum Ende der Reihe wiederholen.

Jede folgende Zeile ist gleich.

Es werden drei Stränge grobe Netzseide benötigt. Daraus entsteht eine robuste Herrenbörse.

Hübscher Stich für eine Handtasche.

Schlagen Sie mit mittelgroßer Maschenseide eine beliebige gerade Anzahl Maschen an (Nadeln Nr. 22).

Erste Reihe – einfaches Stricken.

Zweite Reihe – zwei zusammen stricken. – Die erste und die letzte Masche dieser Reihe werden glatt rechts gestrickt.

Dritte Reihe – machen Sie eine zwischen jedem Stich, indem Sie die Seide zwischen den Stichen der vorhergehenden Reihe aufnehmen, außer zwischen den beiden letzten Stichen.

Vierte Reihe – einfaches Stricken.

Fünfte Reihe – Perlenstricken.

Ab der zweiten Reihe wiederholen.

Ein Pencekrug oder eine Geldbörse.

Fünf Nadeln, Nr. 20, mit weinroter und grüner deutscher Wolle.

Beginnen Sie mit dem *Griff*, indem Sie vier Maschen in Weinrot anschlagen und in einfachen Reihen vorwärts und rückwärts stricken, bis der Griff zwei Zoll lang ist.

Schlagen Sie auf derselben Nadel sechs Maschen an, auf der zweiten sechsundzwanzig und auf der dritten zehn. Dann:

Stricken Sie ab der ersten Nadel – zwei Maschen stricken, zwei Maschen abperlen; abwechselnd.

Mit der zweiten Nadel – zwei Perlmaschen, zwei rechts stricken, zwei Perlmaschen, die Wolle zurückziehen, eine abheben, eine rechts stricken, die Kettmasche darüberziehen, die restlichen Maschen glatt rechts stricken, innerhalb von sieben vom Ende; dann – zwei zusammen stricken, eine rechts stricken, zwei Perlmaschen, zwei rechts stricken.

Auf der nächsten Nadel: zwei Perlmaschen, zwei Maschen rechts, im Wechsel, in drei Runden wiederholen, bis auf der zweiten Nadel nur noch zwölf Maschen übrig sind, womit die *Tülle fertig ist* .

Stricken Sie drei Runden, und zwar alle zwei Maschen abwechselnd perlgestrickt und glatt rechts.

Fünf Runden stricken – grün	
Drei Runden stricken – weinrot	alle zwei Maschen abwechselnd perl- und glattmaschig.
Fünf Runden stricken – grün	

Stricken Sie eine Runde mit normaler Maschenware und drei Runden mit Perlmuster – in Weinrot.

Stricken Sie eine einfache Runde und holen Sie die Wolle zwischen jeweils zwei Maschen nach vorne.

Drei Runden perlmaschen. Eine Runde glatt stricken. In den nächsten beiden Runden die Wolle nach vorne bringen und zwei zusammenstricken. Dann:

Stricken Sie eine glatte Runde mit Bordeaux; drei Runden mit Perlmuster; stricken Sie eine glatte Runde; holen Sie in den nächsten beiden Runden die Wolle nach vorne und stricken Sie zwei zusammen; stricken Sie eine glatte Runde; drei Runden mit Perlmuster. Teilen Sie die Maschen auf die vier Nadeln auf – zwölf auf jeder. Dann –

Beim einfachen Strumpfstricken stricken Sie fünf Runden und nehmen dabei abwechselnd an jedem Ende und in der Mitte der Nadel eine ab. Stricken Sie drei weitere Runden und nehmen Sie dabei gelegentlich ab.

Die Maschen auf drei Nadeln verteilen, eine Runde glatt rechts stricken und drei Runden ohne Abnahmen abperlen; mit den Runden glatt rechts abschließen und abnehmen, bis auf jeder Nadel nur noch vier Maschen übrig sind. Die kleine Öffnung nach oben ziehen und das untere Ende des Griffs an der Seite der Kanne befestigen.

Es kann auch in Seide gearbeitet werden.

Eine starke Geldbörse.

Schlagen Sie eine beliebige Anzahl Maschen an, die durch drei teilbar ist. – Nadeln Nr. 22.

Erste Reihe : Wolle nach vorne holen, eine Masche abheben, zwei stricken, die Kettmasche darüber ziehen. – Bis zum Ende der Reihe wiederholen.

Zweite Reihe – einfaches Stricken.

Dritte Reihe : stricken Sie zwei, bevor mit dem Muster begonnen wird, damit die Löcher diagonal verlaufen.

Vierte und fünfte Reihe – dasselbe wie zweite und dritte.

Sechste Reihe – dieselbe wie die erste.

Für diesen Beutel werden fünf Stränge Netzseide zweiter Größe benötigt. Er muss besonders gedehnt werden.

Ein hübscher offener Stich für eine Handtasche.

Sie benötigen vier Stränge feiner Beutelseide und vier Nadeln, Nr. 23.

Schlagen Sie auf jeder der drei Nadeln zwanzig Maschen an.

Erste Runde – einfaches Stricken.

Zweite Runde – bringen Sie die Seide nach vorne, stricken Sie zwei zusammen.

Wiederholen Sie die beiden obigen Runden viermal.

Elfte Runde – glattes Stricken. – Die letzte Masche dieser Runde, nachdem sie gestrickt ist, auf die nächste Nadel übertragen.

Zwölfte Runde – beginnen Sie mit dem Zusammenstricken von zwei Maschen, bevor Sie den Faden nach vorne bringen. – Diese Änderung bewirkt, dass das Muster eine Art Vandyke- Form annimmt. Führen Sie die letzte Masche jeder Nadel dieser Runde auf die nächste Nadel.

Wiederholen Sie die letzten beiden Runden viermal. Beginnen Sie wieder wie bei der ersten Runde und arbeiten Sie abwechselnd die zehn Runden jedes Musters, bis die Öffnung der Börse gemacht werden muss. Dies muss wie die ersten zehn Runden in Reihen vorwärts und rückwärts gearbeitet werden, um die Kanten gleichmäßig zu halten. Das andere Ende muss dann wie das erste gemacht werden.

Offene Stichbörse mit Perlen.

Benötigt werden Purse Twist der zweiten Größe und Nadeln Nr. 20.

Schlagen Sie sechzig Maschen in Netzseide an.

Erste Reihe – eine Masche stricken; den Faden nach vorne holen, zwei zusammenstricken; den Faden nach vorne holen, eine Perle weitergeben und sie hinter die Nadel legen; zwei zusammenstricken. – Fahren Sie bis zum Ende der Reihe fort und legen Sie bei jedem zweiten Muster eine Perle an.

Zweite Reihe – wie die erste, ohne Perlen.

Dritte Reihe – eine Masche stricken, den Faden nach vorne holen, eine Perle auflegen, dann – wie in der ersten Reihe fortfahren.

Eine Geldbörse aus feiner Seide.

Schlagen Sie für jedes Muster drei Maschen an. – Nadel Nr. 23.

Erste Reihe : Bringen Sie die Seide nach vorne, stricken Sie zwei zusammen, stricken Sie eine. – Wiederholen Sie.

Zweite Reihe : Bringen Sie die Seide nach vorne, Perle zwei zusammen; Perle eins. – Wiederholen.

Fischgräten- oder Shetlandstich für eine Handtasche.

Schlagen Sie eine beliebige Anzahl Maschen an, die durch vier teilbar ist. – Nadeln Nr. 20. Es werden etwa 80 Maschen benötigt.

Erste Reihe – den Faden nach vorne bringen, eine Masche abheben, eine Masche stricken, die Maschenmasche darüber ziehen, eine Masche stricken, den Faden nach vorne bringen, eine Masche abheben. – Bis zum Ende der Reihe wiederholen.

Jede Reihe ist gleich.

Es werden drei Stränge Seide zweiter Größe benötigt.

Die folgenden fünf Muster eignen sich sehr gut für Taschen. Sie sollten mit einem Geldbeutelzwirn zweiter Größe (Nadeln Nr. 24) gestreift werden.

I.
Tasche mit diagonalem Karomuster.

Schlagen Sie für jedes Muster acht Maschen an.

Erste Runde – eine Perle, den Faden nach vorne holen, eine abheben, eine stricken, die Kettmasche darüberziehen, vier stricken, eine Perle. – Wiederholen.

Zweite Runde – Perle eins, sechs stricken, Perle eins. – Wiederholen.

Dritte Runde – eine Perle, eine stricken, den Faden nach vorne holen, eine abheben, eine stricken, die Kettmasche darüberziehen, drei stricken, eine Perle. – Wiederholen.

Vierte Runde – Wiederholen Sie die zweite.

Fünfte Runde – eine Perle, zwei Maschen stricken, den Faden nach vorne holen, eine abheben, eine Masche stricken, die Kettmasche darüberziehen, zwei Maschen stricken, eine Perle. – Wiederholen.

Sechste Runde – Wiederholen Sie die zweite.

Siebte Runde – eine Perle, drei Maschen stricken, den Faden nach vorne holen, eine abheben, eine Masche stricken, die Kettmasche darüberziehen, eine Masche stricken, eine Perle. – Wiederholen.

Achte Runde – Wiederholen Sie die zweite.

Beginnen Sie erneut wie in der ersten Reihe.

II .
Tasche mit Rautenmuster.

Schlagen Sie für jedes Muster dreizehn Maschen an.

Erste Runde – Perle zwei; vier stricken; den Faden nach vorne bringen, eine abheben; zwei zusammen stricken, die Kettmasche darüber ziehen; den Faden nach vorne bringen, vier stricken. – Wiederholen.

Zweite Runde – Perle zwei; zwei stricken; zwei zusammenstricken; den Faden nach vorne bringen, drei stricken; den Faden nach vorne bringen, zwei zusammenstricken, hinten genommen. – Wiederholen.

Dritte Runde – Perle zwei; eine stricken; zwei zusammenstricken; den Faden nach vorne bringen, fünf stricken; den Faden nach vorne bringen, zwei zusammenstricken, hinten genommen; eine stricken. – Wiederholen.

Vierte Runde – Perle zwei; zwei zusammenstricken; den Faden nach vorne bringen, drei stricken; den Faden nach vorne bringen, zwei zusammenstricken; zwei stricken; den Faden nach vorne bringen, zwei zusammenstricken, hinten genommen. – Wiederholen.

Fünfte Runde – Perle zwei; zwei stricken; den Faden nach vorne bringen, zwei zusammenstricken, hinten genommen; drei stricken; zwei zusammenstricken; den Faden nach vorne bringen, zwei stricken. – Wiederholen.

Sechste Runde – Perle zwei; drei stricken; den Faden nach vorne bringen, zwei zusammenstricken, hinten genommen; eine stricken; zwei zusammenstricken; den Faden nach vorne bringen, drei stricken. – Wiederholen.

Beginnen Sie erneut wie in der ersten Reihe.

III.
Tasche mit Hohlsaummuster.

Schlagen Sie für jedes Muster dreizehn Maschen an.

Erste Runde – zwei stricken; den Faden nach vorne bringen, zwei zusammenstricken; eine stricken; den Faden nach vorne bringen, zwei zusammenstricken; eine perlmuttartig stricken; den Faden nach vorne bringen, eine abheben; eine stricken, die Kettmasche darüberziehen; drei perlmuttartig stricken. – Wiederholen.

Zweite Runde – zwei zusammenstricken; den Faden nach vorne bringen, eine stricken; zwei zusammenstricken; den Faden nach vorne bringen, zwei stricken; zwei abheben; den Faden nach vorne bringen, eine abheben; eine stricken, die Abhebungsmasche darüber ziehen; zwei abheben. – Wiederholen.

Dritte Runde – zwei stricken; den Faden nach vorne bringen, zwei zusammenstricken; eine stricken; den Faden nach vorne bringen, zwei zusammenstricken; drei abheben; den Faden nach vorne bringen, eine abheben; eine stricken, die darüberziehen slip-stitch; eine abheben. – Wiederholen.

Vierte Runde – zwei zusammenstricken; den Faden nach vorne bringen, eine stricken; zwei zusammenstricken; den Faden nach vorne bringen, zwei stricken; vier abheben; den Faden nach vorne bringen, eine abheben; eine stricken, die Abhebungsmasche darüber ziehen. – Wiederholen.

Fünfte Runde – zwei stricken; den Faden nach vorne bringen, zwei zusammenstricken; eine stricken; den Faden nach vorne bringen, zwei zusammenstricken; sechs Perlen. – Wiederholen.

Sechste Runde – zwei zusammenstricken; den Faden nach vorne bringen, eine stricken; zwei zusammenstricken; den Faden nach vorne bringen, zwei stricken; eine perlmasche abheben; eine stricken, die Kettmasche darüberziehen; drei perlmaschen. – Wiederholen.

Siebte Runde – zwei stricken; den Faden nach vorne bringen, zwei zusammenstricken; eine stricken; den Faden nach vorne bringen, zwei zusammenstricken; zwei abheben; den Faden nach vorne bringen, eine abheben; eine stricken, die Abhebungsmasche darüber ziehen; zwei abheben. – Wiederholen.

Achte Runde – zwei zusammenstricken; den Faden nach vorne bringen, eine stricken; zwei zusammenstricken; den Faden nach vorne bringen, zwei stricken; drei abheben; den Faden nach vorne bringen, eine abheben; eine stricken, die Abhebemasche darüber ziehen; eine abheben. – Wiederholen.

Neunte Runde – zwei stricken; den Faden nach vorne bringen, zwei zusammenstricken; eine stricken; den Faden nach vorne bringen, zwei zusammenstricken; vier abheben; den Faden nach vorne bringen, eine abheben; eine stricken, die Abhebemasche darüberziehen. – Wiederholen.

Zehnte Runde – zwei zusammenstricken; den Faden nach vorne bringen, eine stricken; zwei zusammenstricken; den Faden nach vorne bringen, zwei stricken; sechs Perlen. – Wiederholen.

Beginnen Sie erneut wie in der ersten Reihe.

IV.
Tasche mit Spinnenmuster.

Schlagen Sie eine beliebige Anzahl Maschen an, die durch sechs teilbar ist.

Erste Runde : Den Faden nach vorne bringen, eine Masche abheben, zwei zusammenstricken, die Masche darüberziehen, den Faden nach vorne bringen, drei Maschen stricken. – Wiederholen.

Zweite Runde – einfaches Stricken.

Dritte Runde : Bringen Sie den Faden nach vorne, stricken Sie zwei Maschen zusammen, zweimal, stricken Sie zwei Maschen. – Wiederholen.

Vierte Runde – einfaches Stricken.

Fünfte Runde : Bringen Sie den Faden nach vorne, stricken Sie drei; bringen Sie den Faden nach vorne, ziehen Sie eine ab; stricken Sie zwei zusammen, ziehen Sie die Abkettmasche darüber. – Wiederholen Sie.

Beginnen Sie erneut wie in der ersten Runde.

V.

Tasche mit Streifenmuster.

Schlagen Sie für jedes Muster sechs Maschen an.

Erste Runde : Drehen Sie den Faden um die Nadel, stricken Sie drei Perlen; holen Sie den Faden nach vorne, ziehen Sie eine ab; stricken Sie zwei zusammen und ziehen Sie die Kettmasche darüber. – Wiederholen.

Zweite, dritte und vierte Runde – abwechselnd drei Perlmaschen und drei Maschen rechts stricken.

Beginnen Sie erneut wie in der ersten Runde.

Eine Tasche mit schwarzen oder granatroten Perlen.

Sie benötigen Nadeln Nr. 20, acht Stränge Netzseide und vier Bündel Perlen, einschließlich derer für die Fransen.

Fädeln Sie ein halbes Bündel Perlen auf einen Strang weinroter Netzseide und schlagen Sie 88 Maschen an.

Erste und zweite Reihe – glattes Stricken, ohne Perlen.

Dritte Reihe – eine abheben, eine mit einer Perle stricken, eine stricken. – Das Gleiche abwechselnd bis zum Ende der Reihe wiederholen.

Wiederholen Sie dies ab der ersten Reihe 84 Mal. Achten Sie darauf, dass Sie am Anfang jeder Reihe eine Masche machen.

Verbinden Sie die beiden Seiten, lassen Sie oben eine Öffnung und schließen Sie mit zwei Stangen und einer Goldkette ab. Eine Franse aus Granatperlen mit Goldspitzen ist die schönste Verzierung. Sie sollte ein steifes Futter haben.

Gestrickte Fransen.

Dieses kann aus Wolle oder Baumwolle beliebiger Stärke hergestellt werden, je nach Verwendungszweck; es kann auch mit zwei oder mehr Farben *gestrickt werden* , wobei abwechselnd jeweils sechs Reihen gestrickt werden.

Schlagen Sie acht Maschen an.

Zwei stricken; Wolle nach vorne holen, zwei zusammenstricken; eine stricken; Wolle nach vorne holen, zwei zusammenstricken; eine stricken.

Wenn genügend Reihen gestrickt sind, um die gewünschte Fransenlänge zu erhalten,—

Kette fünf Maschen ab und lasse drei übrig, um sie für die Fransen aufzutrennen.

Bei 4-fädigem Vlies können Nadeln der Stärke 10 verwendet werden.

Vandyke-Grenze.

Diese Borte wird im Allgemeinen aus Baumwolle gestrickt und kann für Musselin-Vorhänge, gestrickte oder netzartige Fischservietten und als „Abdeckband" für Stuhllehnen oder Sofaenden verwendet werden.

Schlagen Sie mit Nadel Nr. 17 sieben Maschen an.

Erste und zweite Reihe – einfaches Stricken.

Dritte Reihe : eine Masche abheben, zwei Maschen stricken, wenden und zwei Maschen zusammenstricken; zweimal wenden und zwei Maschen zusammenstricken.

Vierte Reihe : Faden nach vorne holen, zwei stricken, eine abperlen, zwei stricken, umdrehen, zwei zusammenstricken, eine stricken.

Fünfte Reihe : eine Masche abheben, zwei stricken, umdrehen, zwei zusammenstricken, vier stricken.

Sechste Reihe – sechs Maschen stricken, umdrehen, zwei zusammen stricken, eine stricken.

Siebte Reihe : eine Masche abheben, zwei Maschen stricken, wenden und zwei Maschen zusammenstricken; zweimal wenden und zwei Maschen zusammenstricken; zweimal wenden und zwei Maschen zusammenstricken.

Achte Reihe – zwei stricken; eine perlmasche; zwei stricken; eine perlmasche; zwei stricken; umdrehen, zwei zusammenstricken; eine stricken.

Neunte Reihe : eine Masche abheben, zwei stricken, wenden, zwei zusammenstricken, zweimal wenden, zwei zusammenstricken, zweimal wenden, zwei zusammenstricken, zweimal wenden, zwei zusammenstricken.

Zehnte Reihe – zwei stricken; eine perlmasche; zwei stricken; eine perlmasche; zwei stricken; eine perlmasche; zwei stricken; umdrehen, zwei zusammenstricken; eine stricken.

Elfte Reihe – eine abheben, zwei stricken, umdrehen, zwei zusammenstricken, neun stricken.

Zwölfte Reihe : alle bis auf sieben abketten, vier stricken, wenden, zwei zusammenstricken, eine stricken.

Damit ist der erste Vandyke beendet . – Beginnen Sie erneut wie in der dritten Reihe.

Ein warmer Halbquadratschal.

Vierfädiges Vlies oder achtfädiges Zephyr-Vlies, in zwei Farben , sagen wir Rosa und Weiß. – Nadeln Nr. 8.

der Farbe Rosa an und nehmen Sie am Anfang jeder zweiten Reihe zu, bis Sie zehn Maschen auf der Nadel haben. In der nächsten Reihe stricken Sie sieben Maschen für den Rand, der durchgehend in Rechtsstrick gestrickt ist; schließen Sie die weiße Wolle an und stricken Sie drei Maschen in Perlmuster, wobei Sie bei der letzten Masche zunehmen.

In der nächsten Reihe: Wolle nach vorne holen, eine abheben, zwei stricken, die abgehobene Masche darüberziehen, die verbleibende weiße Masche glatt rechts stricken, die sieben Maschen für den Rand stricken und dabei die beiden Farben beim Wechsel verdrehen.

In der nächsten Reihe die sieben Maschen für den Rand stricken, die weißen Maschen abperlen und am Ende wie zuvor zunehmen.

Wiederholen Sie die letzten beiden Reihen, aus denen sich das gesamte Muster zusammensetzt, bis der Schal die gewünschte Größe hat, und beenden Sie ihn mit der glatt gestrickten Bordüre, die der anderen Seite entspricht.

NB: Wenn in der Zierreihe des Weißen am Ende der Reihe ungerade Maschen auftreten, müssen diese glatt gestrickt werden.

Ein warmer, doppelt gestrickter Schal in zwei Farben .

Schlagen Sie 36 Maschen mit blauem 6-fädigem Vlies an. – Nadeln Nr. 2.

Erste Reihe : Wolle nach vorne holen, eine Masche abheben, Wolle zurückführen, eine Masche stricken und dabei die Wolle zweimal um die Nadel drehen. – Bis zum Ende der Reihe wiederholen.

Jede folgende Reihe ist gleich, wobei darauf zu achten ist, dass die Strickmasche immer über die Kettmasche kommt.

Es werden sieben Reihen Blau, sieben Reihen Weiß, sieben Reihen Blau, achtunddreißig Reihen Weiß, sieben Reihen Blau, sieben Reihen Weiß und sieben Reihen Blau benötigt.

Abketten und die Enden hochziehen. Mit blauen und weißen Quasten abschließen.

Eine Bordüre für einen Schal oder eine Steppdecke.

Dieser Rand sollte separat gestrickt werden, mit Nadeln der gleichen Größe und Wolle wie für den Schal oder die Steppdecke, und anschließend angenäht werden.

Schlagen Sie eine beliebige gerade Maschenzahl an.

Erste Reihe : Bringen Sie die Wolle nach vorne und stricken Sie zwei zusammen.

Zweite Reihe – einfaches Stricken.

Wiederholen Sie diese beiden Reihen abwechselnd.

Erhabenes Strickmuster für einen Schal.

Es sollten zwei Nadeln Nr. 19 und eine Nadel Nr. 13 verwendet werden.

Schlagen Sie mit deutscher Wolle die gewünschte gerade Maschenzahl an.

Erste Reihe : Mit der kleinen Nadel abwechselnd eine Masche machen und zwei Maschen zusammen stricken.

Zweite Reihe – glattes Stricken mit großer Nadel.

Dritte Reihe – glattes Stricken mit kleiner Nadel.

Vierte Reihe – Perlenstricken mit kleiner Nadel.

Wiederholen Sie dies ab der ersten Reihe.

Diese Art des Strickens eignet sich auch gut für Kapuzen, Muffs, Manschetten usw. Sie eignet sich sehr gut für einen gestreiften Schal, bei dem abwechselnd drei Muster in jeder Farbe gestrickt werden . Für einen Schal von anderthalb Yards im Quadrat wären etwa dreihundertsechzig Maschen erforderlich.

Ein russischer Schal im Brioche-Stich.

Deutsche Wolle. – Nadeln Nr. 9.

Für einen Schal von anderthalb Yards im Quadrat werden etwa 360 Maschen benötigt. – Jeweils fünf Schattierungen in zwei verschiedenen Farben , umgedreht, mit der hellsten in der Mitte , und zwei Reihen jeder Schattierung gestrickt, sehen sehr gut aus. – Folgende Farben sind gut : Scharlachrot und Steinrot , Blau und Braun, Flieder und Rotbraun, Flieder und Weiß.

Der Brioche-Stich ist einfach: Wolle nach vorne holen, eine Masche abheben, zwei zusammenstricken.

Ein leichter Stich für einen Schal.

Dreifädiges Vlies. – Nadeln Nr. 10.

Schlagen Sie eine beliebige gerade Anzahl Maschen an. — Ziehen Sie die Wolle nach vorne und stricken Sie abwechselnd zwei Maschen zusammen bis zum Ende der Reihe. Jede Reihe ist gleich.

Schal mit Sternenmuster, in zwei Farben .

Schlagen Sie vier Maschen mit blauer Zephyrwolle oder vierfädigem Vlies an. – Nadeln Nr. 6.

Erste Reihe : Wolle nach vorne holen, eine Masche stricken (diese beiden Maschen bilden die Zunahme und dürfen daher *nicht wiederholt* werden); Wolle nach vorne holen, eine Masche abheben; zwei Maschen stricken, die Abhebemasche darüberziehen. – Dasselbe bis zum Ende der Reihe wiederholen.

Zweite Reihe : Perlenstricken in Weinrot.

Dritte Reihe – dasselbe wie die erste – in Blau.

Vierte Reihe – dasselbe wie die zweite – in Weinrot.

Wiederholen Sie diese Reihen abwechselnd in Blau und Weinrot, bis sich 180 Maschen auf der Nadel befinden; ketten Sie sie ab und beenden Sie mit einer Netzfranse.

Da durch die Zunahme eine unregelmäßige Masche hinzukommt, haben manche Reihen am Anfang eine und andere zwei gestrickte Maschen.

Barège- Stricken für Schals.

Beginnen Sie mit einer beliebigen Anzahl von Maschen, die durch drei teilbar ist. – Nadeln Nr. 4, feinste *Lady Betty*- Wolle. – Stricken Sie eine einfache Reihe.

Zweite Reihe : Wolle nach vorne holen, drei stricken, Wolle nach vorne holen, drei zusammen stricken und sie hinten abnehmen.

Dritte Reihe – Perlenstricken.

Vierte Reihe : Wolle nach vorne holen, drei zusammen stricken und hinten abnehmen; Wolle nach vorne holen, drei stricken.

Fünfte Reihe – Perlenstricken.

Ab der zweiten Reihe wiederholen.

Wenn ein Muster in einer oder mehreren Farben eingeführt werden soll, brechen Sie die Grundfarbe ab und befestigen Sie die nächste Farbe auf folgende Weise: – Machen Sie einen Laufknoten in das Ende der Wolle und führen Sie sie auf die Nadel in der linken Hand: Drehen Sie das Ende der farbigen Wolle und das der Grundfarbe zusammen, – stricken Sie in glatter Stricktechnik die für das Muster erforderlichen Maschen, befestigen Sie sie dann, indem Sie eine Schlaufe bilden, und beginnen Sie wieder mit der Grundfarbe , – befestigen Sie sie wieder wie oben beschrieben. Auf diese Weise können beliebig viele Farben eingeführt werden, um Blumen oder andere Muster zu bilden, die jedoch immer in glatter Stricktechnik ausgeführt werden müssen.

Ein Shetland-Strickschal.

Beginnen Sie mit dem Muster für den Rand, indem Sie einhundert Maschen für die Breite des Schals anschlagen. – Nadeln Nr. 7 und Vierfadenstickerei oder *Lady Bettys* Wolle.

Erste Reihe : Viermal zwei Maschen zusammenstricken, achtmal die Wolle nach vorne holen und eine Masche rechts stricken, viermal zwei Maschen zusammenstricken, eine abketten. – Bis zum Ende der Reihe wiederholen.

Zweite Reihe – Perlenstricken.

Dritte Reihe – einfaches Stricken.

Vierte Reihe – Perlenstricken.

Wiederholen Sie dies ab der ersten Reihe, bis das Muster etwa 35 cm tief ist. Beginnen Sie in der Mitte wie folgt: – stricken Sie eine Reihe Perlmuster, bevor Sie mit dem Muster beginnen.

Erste Reihe : Wolle nach vorne holen, eine Masche abheben, eine Masche stricken, die Abhebungsmasche darüberziehen, eine Masche stricken, eine Masche perlmaschen. – Bis zum Ende der Reihe wiederholen.

Zweite und folgende Reihen – wiederholen Sie die erste, wobei jede Reihe gleich ist.

Wenn die Wolle gespalten wird, imitiert sie genau die Shetlandwolle. Beim Spalten reißt die Wolle häufig, aber das ist nicht wichtig, denn wenn man die Enden entgegengesetzte Richtung legt und zusammendreht, können ein paar Maschen so gestrickt werden, dass die Verbindungen nicht wahrnehmbar sind.

Beide Enden des Schals müssen gleich sein, indem die Strickrichtung der Borte umgekehrt wird. Sie können mit einer gebundenen, gestrickten oder netzartigen Franse aus derselben Wolle ohne Spaltung oder aus feiner deutscher Wolle versehen werden.

Shetland-Muster für einen Schal.

Lady Bettys Wolle oder vierfädigem Stickvlies und Nadeln Nr. 6 oder 8 gearbeitet werden .
Schlagen Sie eine beliebige Anzahl Maschen an, die durch sechs teilbar ist.

Erste Reihe: Wolle nach vorne holen, eine Masche stricken; Wolle nach vorne holen, eine Masche stricken; eine abheben; zwei zusammen stricken, die Kettmasche darüberziehen; eine Masche stricken.

Zweite Reihe – Perlenstricken.

Dritte Reihe : Wolle nach vorne holen, drei stricken; Wolle nach vorne holen, eine abheben; zwei zusammen stricken, die Abhebemasche darüber ziehen.

Vierte Reihe – Perlenstricken.

Fünfte Reihe – eine Masche stricken, eine abheben, zwei Maschen zusammenstricken, die Abhebemasche darüberziehen, eine Masche stricken, die Wolle nach vorne holen, eine Masche stricken, die Wolle nach vorne holen.

Sechste Reihe – Perlenstricken.

Siebte Reihe – eine Masche abheben, zwei zusammenstricken, die Masche darüberziehen, die Wolle nach vorne holen, drei stricken, die Wolle nach vorne holen.

Achte Reihe – Perlenstricken.

Achtung: Am Anfang und am Ende jeder Reihe müssen zwei rechte Maschen sein, um einen Rand zu bilden.

Andere Muster für Schals.

Mit feiner Shetland- oder *Lady Betty*- Wolle und Nadeln Nr. 10 lassen sich wunderschöne Schals mit dem Blatt- und Gittermuster (Seite 36), dem Punktemuster (Seite 42), dem Schottenmuster (Seite 44) oder dem Spitzenmuster (Seite 47) stricken.

Doppelter Rautenstich für eine Steppdecke.

Am schönsten sieht es in Streifen von etwa fünf Zoll Breite und in zwei beliebigen Farben aus .

Schlagen Sie eine beliebige Anzahl Maschen an, die durch drei teilbar ist, und lassen Sie zwei übrig, sodass an jedem Ende der Reihe eine Masche übrig bleibt.

Erste Reihe – einfaches Stricken.

Zweite Reihe : Eine Masche abheben ; (a) Wolle nach vorne holen, eine Masche abheben; zwei Maschen zusammenstricken. – Ab (a) wiederholen. – Die letzte Masche glatt rechts stricken.

Dritte Reihe – eine Masche abheben, eine Masche stricken; die nächste Masche ist eine Doppelmasche (das heißt, eine Masche und eine Schlaufe) – die Masche stricken und die Schlaufe abheben; – weiter die Masche stricken und die Schlaufe abheben, bis zum Ende der Reihe.

Vierte Reihe – beginnen Sie erneut wie in der zweiten Reihe.

In jeder *zweiten* Reihe entsteht nach der ersten eine Doppelmasche, diese wird ohne Vorziehen der Wolle gestrickt. Alle anderen Maschen werden genauso gestrickt wie zuvor.

Achtung: Die letzte Masche jeder Reihe ist glatt rechts zu stricken.

Eine Steppdecke.

Dies kann als Babydecke gestrickt werden oder in kleinen Quadraten zu einer großen Decke. – Achtfädiges Zephyr-Fleece. – Nadeln Nr. 6.

Schlagen Sie eine beliebige Anzahl Maschen an, die durch drei teilbar ist – für ein Quadrat von sechs Zoll beispielsweise fünfundvierzig, für eine Babydecke zweihunderteinunddreißig.

Erste Reihe – eine Masche abheben, zwei Maschen stricken und vorne zusammennehmen; (a) die Wolle um die Nadel drehen und wieder nach vorne bringen; eine Masche abheben, zwei Maschen zusammennehmen. – Ab (a) wiederholen.

Jede Reihe ist gleich.

NB: Die beiden letzten Maschen am Ende der Reihe sind zu stricken – die erste perlmaschenweise, die zweite gestrickt.

Eine leichte und warme Bettdecke.

Sechsfädiges Vlies in zwei Farben – sagen wir blau und weiß; oder, was besser ist, deutsche Steppwolle – Nadeln Nr. 2, an beiden Enden spitz.

Schlagen Sie beliebig viele Maschen in Blau an.

Erste Reihe : Glattstricken, die Wolle zweimal um die Nadel drehen.

Zweite Reihe – schließen Sie die weiße Wolle an, stricken Sie eine Masche, stricken Sie zwei zusammen und drehen Sie die Wolle dabei zweimal um die Nadel; – stricken Sie weiter zwei zusammen und drehen Sie die Wolle dabei zweimal um die Nadel bis zum Ende der Reihe, aber stricken Sie die letzte Masche glatt rechts.

Dritte Reihe : Beginnen Sie am anderen Ende der Nadel, stricken Sie zwei Maschen zusammen auf der Vorderseite und drehen Sie die Wolle dabei zweimal um die Nadel.

Vierte Reihe – weiß – 1 Masche stricken, 2 Maschen zusammen stricken, dabei die Wolle zweimal um die Nadel drehen, 1 Masche stricken.

Fünfte Reihe – beginnen Sie erneut wie in der dritten Reihe.

Kreuzstichmuster für eine Steppdecke.

Zwei Farben , etwa Goldfarbe und Weiß. – Nadeln Nr. 3, an beiden Enden spitz. – Schlagen Sie eine beliebige Anzahl Maschen an.

Erste Reihe – weiß – stricken Sie eine einfache Masche und drehen Sie die Wolle zweimal um die Nadel. – Wiederholen Sie dies bis zum Ende der Reihe.

Zweite Reihe – Goldfarbe – an die Farbe anschließen , mit der die letzte Reihe in Weiß begonnen hat; eine einfache Masche stricken und dabei die Wolle einmal um die Nadel drehen; die lange Masche und die, die in der letzten Reihe gestrickt wurde, zusammen stricken und dabei die Wolle zweimal um die Nadel drehen. – Bis zum Ende der Reihe wiederholen – dann bleibt eine Masche übrig, die genauso gestrickt wird wie die einfache Masche am Anfang der Reihe.

Dritte Reihe – weiß – stricken Sie zwei zusammen, vorne aufgenommen, und drehen Sie die Wolle zweimal um die Nadel. – Wiederholen Sie dies bis zum Ende der Reihe.

Vierte Reihe – Goldfarbe – dieselbe wie die dritte – 1 rechte Masche am Anfang der Reihe und 1 rechte Masche am Ende der Reihe stricken, dabei die Wolle einmal um die Nadel wickeln.

Fünfte Reihe – weiß – zwei zusammen stricken, dabei die Wolle zweimal um die Nadel wickeln. – Bis zum Ende der Reihe wiederholen .

Sechste Reihe – Beginnen Sie erneut wie in der zweiten Reihe.

Es ist vielleicht noch anzumerken, dass zwei Reihen hinten und zwei vorne gestrickt werden.

Noch ein Quilt.

Dies sollte in Streifen von sechs Zoll Breite gestrickt werden. – Schlagen Sie eine beliebige Anzahl Maschen an, die durch drei teilbar ist; – Deutsche Steppwolle. – Nadeln Nr. 1.

Erste Reihe : Wolle nach vorne holen, eine Masche abheben, zwei stricken, die Kettmasche darüber ziehen. – Wiederholen.

Zweite Reihe – Perlenstricken.

Dritte Reihe : stricken Sie zwei, bevor mit dem Muster begonnen wird, damit die Löcher diagonal verlaufen.

Vierte Reihe – Perlenstricken.

Fünfte Reihe – dasselbe wie dritte.

Ein Quilt oder Couvre -Pied in Quadraten.

Dies kann mit Zephyr-Fleece-Nadeln Nr. 9 gearbeitet werden, wobei jedes Stück etwa dreieinhalb Zoll im Quadrat misst. Jedes Quadrat wird in zwei Farben gearbeitet , nämlich Blau und Weiß, Lila und Weiß, Goldfarbe und Weiß, Grün und Weiß usw. Diese Stücke werden anschließend zusammengefügt und entsprechend ihrer jeweiligen Farben angeordnet . Wenn gewünscht, kann jedoch jedes Quadrat auf die gleiche Weise gearbeitet werden. Die folgenden Anweisungen gelten für ein Quadrat in Grün und Weiß:

Erste Reihe – Wolle nach vorne holen, eine Masche stricken – in Grün. Auf die gleiche Weise *fünf* weitere *Reihen stricken* , bis sieben Maschen auf der Nadel sind.

Siebte Reihe – bringen Sie die Wolle nach vorne, stricken Sie zwei – in Grün; schließen Sie an der weißen Masche an – stricken Sie drei; – schließen Sie an einer weiteren Länge in Grün an – stricken Sie zwei.

Achte Reihe : Grüne Wolle nach vorne bringen, zwei stricken; Perle drei, weiß; drei stricken, grün.

Neunte und zehnte Reihe – stricken Sie bis zum Ende jeder Reihe mit Grün und nehmen Sie wie zuvor am Anfang zu.

Elfte Reihe : Wolle nach vorne holen, zwei Maschen stricken, grün; sieben Maschen stricken, weiß; zwei Maschen stricken, grün.

Zwölfte Reihe : Wolle nach vorne holen, zwei Maschen stricken, grün; Perle sieben, weiß; drei Maschen stricken, grün.

Dreizehnte und vierzehnte Reihe – stricken Sie bis zum Ende jeder Reihe mit Grün und nehmen Sie wie zuvor zu.

Fünfzehnte Reihe : Wolle nach vorne holen, zwei Maschen stricken, grün; elf Maschen stricken, weiß; zwei Maschen stricken, grün.

Sechzehnte Reihe : Wolle nach vorne bringen, zwei stricken, grün; Perle elf, weiß; drei stricken, grün.

Siebzehnte und achtzehnte Reihe – dasselbe wie dreizehnte und vierzehnte. – Es sollten jetzt neunzehn Maschen auf der Nadel sein – eine Hälfte des Quadrats ist fertig. Dann beginnt die Abnahme wie folgt:

Neunzehnte Reihe – eine abheben, zwei zusammenstricken, eine stricken, grün; elf stricken, weiß; vier stricken, grün.

Zwanzigste Reihe : Eine abheben, zwei zusammenstricken, eine stricken, grün; Perlmuster elf, weiß; drei stricken, grün.

Einundzwanzigste und zweiundzwanzigste Reihe – grün – abnehmend am Anfang jeder Reihe.

Dreiundzwanzigste Reihe: eine Masche abheben, zwei zusammenstricken, eine stricken , grün; sieben stricken, weiß; vier stricken, grün.

Vierundzwanzigste Reihe: Eine abheben, zwei zusammenstricken, eine stricken, grün; Perle sieben, weiß; drei stricken, grün.

Fünfundzwanzigste und sechsundzwanzigste Reihe – grün – abnehmend, wie zuvor.

Siebenundzwanzigste Reihe: eine Masche abheben, zwei zusammenstricken, eine Masche stricken , grün; drei Maschen stricken, weiß; vier Maschen stricken, grün.

Achtundzwanzigste Reihe : eine abheben, zwei zusammenstricken, eine stricken, grün; drei perlmuttartig stricken, weiß; drei stricken, grün.

Mit dem Weiß ist es jetzt vorbei. Das Quadrat wird mit einfachen grünen Reihen abgeschlossen, wobei die Reihen am Anfang jeder Reihe abnehmen.

Eine Hülle für ein Luftkissen.

Schlagen Sie mit drei Nadeln, Nr. 9, jeweils achtzig Maschen an. – Dreifädiges Vlies.

Erste Runde – Wolle nach vorne holen, eine Masche stricken. – Wiederholen.

Zweite Runde: Eine Masche abheben, eine Masche stricken, die Abhebungsmasche darüber ziehen . – Wiederholen.

Wiederholen Sie die erste und zweite Runde abwechselnd.

Eine Babykapuze.

vierfädige *Lady Betty*- Wolle in Rosa und Weiß verwendet werden. Es werden acht Nadeln benötigt, nämlich vier Nr. 25, zwei Nr. 18 und zwei mit jeweils einem Zoll Umfang.

Schlagen Sie mit rosa Nadeln Nr. 18 82 Maschen an und stricken Sie vier einfache Reihen.

Stricken Sie vier einfache Reihen.

Weiß
.

Die Wolle nach vorne holen, zwei Maschen zusammenstricken.

Stricken Sie drei einfache Reihen.

Wiederholen Sie die letzten vier Reihen sechsmal. – Ab dem Beginn sind es nun sechsunddreißig Reihen.

Schlagen Sie mit derselben Nadel sechzehn weitere Maschen an, um das hintere Stück zu bilden. – Wiederholen Sie das Muster in sechs weiteren Reihen. – Stricken Sie zwei einfache Reihen in Rosa; – teilen Sie die Maschen dann auf drei Nadeln Nr. 25 auf, um eine Runde zu bilden – als Beginn für die Krone.

Stricken Sie *drei* einfache *Runden.*

Vierte Runde – Wolle nach vorne holen, zwei zusammenstricken. – Wiederholen.

Fünfte Runde – zwei zusammen stricken, zwölf stricken. – Wiederholen.

Sechste Runde – zwei zusammen stricken, elf stricken. – Wiederholen.

Siebte Runde – zwei zusammen stricken, zehn stricken. – Wiederholen.

Achte Runde – einfaches Stricken.

Neunte Runde – Wolle nach vorne holen, zwei zusammenstricken. – Wiederholen.

Zehnte Runde – neun Maschen stricken, zwei zusammenstricken. – Wiederholen.

Elfte Runde – acht Maschen stricken, zwei zusammenstricken. – Wiederholen.

Zwölfte Runde – sieben Maschen stricken, zwei zusammenstricken. – Wiederholen.

Dreizehnte Runde – glattes Stricken.

Vierzehnte Runde – Wolle nach vorne holen, zwei zusammenstricken. – Wiederholen.

Fünfzehnte Runde – zwei zusammen stricken, acht stricken. – Wiederholen.

Sechzehnte Runde – zwei zusammen stricken, sieben stricken. – Wiederholen.

Siebzehnte Runde – zwei zusammen stricken, sechs stricken. – Wiederholen.

Achtzehnte Runde – einfaches Stricken.

Neunzehnte Runde – Wolle nach vorne holen, zwei zusammenstricken. – Wiederholen.

Zwanzigste Runde – acht Maschen stricken, zwei zusammenstricken. – Wiederholen.

Einundzwanzigste Runde – sieben Maschen stricken, zwei zusammenstricken. – Wiederholen.

Zweiundzwanzigste Runde – sechs Maschen stricken, zwei zusammen stricken. – Wiederholen.

Dreiundzwanzigste Runde – einfaches Stricken.

Vierundzwanzigste Runde – Wolle nach vorne holen, zwei zusammenstricken. – Wiederholen.

Fünfundzwanzigste Runde – zwei zusammen stricken, fünf stricken. – Wiederholen.

Sechsundzwanzigste Runde – zwei zusammen stricken, vier stricken. – Wiederholen.

Siebenundzwanzigste Runde – zwei zusammen stricken, drei stricken. – Wiederholen.

Achtundzwanzigste Runde – einfaches Stricken.

Die Krone ist nun fertig, sie wird nur noch mit Nadel und Wolle aufgezogen.

Die Öffnung auf der Rückseite muss zugenäht werden. Ein Band, das dem einfachen Stricken auf der Vorderseite entspricht, wird gebildet, indem man 56 Maschen in Rosa anhebt und drei einfache Reihen mit Nadel Nr. 18 strickt. Dann mit Weiß 16 Maschen auf dieselbe Nadel schlagen und 72 Maschen stricken; 16 Maschen anschlagen und drei Reihen mit 88 Maschen stricken. In der nächsten Reihe die Wolle nach vorne bringen und zwei Maschen zusammenstricken. Sechs einfache Reihen stricken.

Bilden Sie mit den dicken Nadeln die Halskrause, indem Sie zwei Reihen in Weiß und zwei in Rosa stricken. Stricken Sie dann 22 Reihen – indem Sie abwechselnd vier Reihen in Weiß und zwei in Rosa stricken. Maschen abketten und nähen, sodass eine sehr lockere doppelte Halskrause um den Hals entsteht.

Für die Vorderseite der Kapuze 82 Maschen anheben und mit Nadel Nr. 18 eine rechte Maschenreihe stricken. Dann mit den dicken Nadeln zwei rechte Maschenreihen in Weiß, zwei in Rosa und vier in Weiß stricken. Abketten. – Wenn doppelt genäht, sind die Ränder der Kapuze fertig. Sie werden vorne und hinten mit Bändern verziert.

Eine Babysocke.

Schlagen Sie 28 Maschen mit *rosa* deutscher Wolle an. – Nadeln Nr. 19.

Stricken Sie sechs Runden und nehmen Sie in jeder Reihe eine Masche zu, um Zehen und Ferse zu formen.

Stricken Sie sechs weitere Runden und nehmen Sie für die Zehe nur an einem Ende eine Masche zu.

Ketten Sie auf einer anderen Nadel dreißig Maschen ab; stricken Sie die restlichen sechzehn Maschen für achtzehn Runden und ketten Sie sie auf einer anderen Nadel ab.

Mit *Weiß* : – Nehmen Sie die dreißig rosa Maschen auf; – stricken Sie drei einfache Reihen; – holen Sie in der nächsten Reihe die Wolle nach vorne und stricken Sie zwei zusammen.

Stricken Sie drei einfache Reihen, lassen Sie sechzehn Maschen auf der Nadel und wiederholen Sie das Muster in Weiß sieben Mal über den Rist, das anschließend an die rosa Strickarbeit für die Zehe genäht wird.

Schlagen Sie sechzehn Maschen in Weiß an – passend zur anderen Seite.

Stricken Sie zwei einfache Reihen; – in der nächsten ziehen Sie die Wolle nach vorne, stricken zwei zusammen – über die gesamte Länge der Reihe; – stricken Sie eine einfache Reihe in Rosa und nehmen Sie die Maschen auf, die für die Spitze abgekettet wurden. Diese Seite des Schuhs muss mit der anderen übereinstimmen, indem abgenommen statt zugenommen wird. – Der Schuh und das Weiß im Spann sind nun fertig.

Nehmen Sie die Maschen des Schuhs und des Spanns auf und stricken Sie drei einfache Runden. Nehmen Sie eine größere Nadel, führen Sie die Wolle nach vorne und stricken Sie zwei zusammen, sodass die Löcher entstehen, durch die das Band geführt wird.

Mit der kleinen Nadel drei einfache Maschen stricken. In der nächsten Reihe die Wolle nach vorne holen, zwei zusammenstricken.

Stricken Sie drei einfache Reihen. In der nächsten ziehen Sie die Wolle nach vorne und stricken zwei zusammen. Wiederholen Sie das Ganze, bis die Socke die gewünschte Höhe hat. Kette sehr locker ab.

Noch eine Babysocke.

Vierfädige Fleecewolle oder vierfädige *Lady Betty*-Wolle. – Nadeln Nr. 11.

Schlagen Sie 26 Maschen an.

Erste Reihe – zwei Perlen, zwei Maschen stricken, abwechselnd bis zum Ende der Reihe.

Zweite Reihe : zwei Maschen stricken, zwei Maschen abketten.

Dritte Reihe – Zwei Perlen, zwei Maschen stricken.

Vierte Reihe – Perlenstricken.

Wiederholen Sie die obigen vier Reihen zwölf Mal, was insgesamt zweiundfünfzig Reihen ergibt, aber stricken Sie in der zweiundfünfzigsten Reihe nur vierzehn Maschen und ketten Sie die restlichen zwölf Maschen ab. Dann:

Heben Sie am begonnenen Ende vierzehn Maschen an und stricken Sie sie gleichzeitig, sodass zwölf übrig bleiben, die mit denen übereinstimmen, die am anderen Ende abgekettet wurden. Wiederholen Sie die vier Reihen wie zuvor dreimal, sodass insgesamt zwölf Reihen entstehen. Befestigen Sie diese Maschen mit einer Nadel und Wolle, um die Spitze zu formen, und nähen Sie den Schuh an der Sohle zu.

Jetzt müssen 27 Maschen oben am Schuh um das Bein herum angehoben werden; dann abwechselnd eine Reihe perlmaschen und eine Reihe stricken , also fünf Reihen, und abketten. Dies bildet den Abschluss für die Oberseite. Der Schuh muss quer mit einem Band geschnürt werden.

Ein Babystrumpf.

Schlagen Sie 23 Maschen in Braun an (Nadeln Nr. 18) und stricken Sie sechs Runden (für Zehen und Fersen jeweils eine Masche zunehmen).

Stricken Sie sechs Runden und nehmen Sie dabei nur eine Masche an der Spitze zu. Jetzt sind 41 Maschen auf der Nadel. Kette 25 Maschen ab und stricke die restlichen 16 Maschen, also 18 Runden. Eine Seite des Schuhs und der Spann werden jetzt fertig.

Schlagen Sie 25 Maschen an und stricken Sie entsprechend die andere Seite des Schuhs.

Nehmen Sie die Maschen mit Weiß über dem Spann auf. Stricken Sie zwei Runden und greifen Sie dabei in jeder Reihe eine Masche an den Seiten des Schuhs, um sie miteinander zu verbinden.

Stricken Sie eine Masche in Braun, zwei in Weiß, eine in Braun, zwei in Weiß und eine in Braun. – Jetzt sind Schuh und Rist fertig .

Nehmen Sie die Maschen des Schuhs auf, auf jeder Seite des Teils, das den Spann bildet. Jetzt sollten sich vierzig Maschen auf der Nadel befinden.

Stricken Sie sieben Runden in Weiß; dann achtzehn Runden, wobei Sie am Anfang und Ende jeder zweiten Runde eine Masche zunehmen. Stricken Sie drei Runden in normaler Masche; dann achtzehn Runden, wobei Sie am Anfang und Ende jeder zweiten Runde eine Masche abnehmen.

Jetzt befinden sich 40 Maschen auf der Nadel. Stricken Sie abwechselnd zwei rechts und links, fünf Umdrehungen lang. Stricken Sie zwei Reihen rechts. Stricken Sie eine Reihe in Rot und ketten Sie dann locker ab.

Der Schuh wird in seine Form genäht und der Strumpf verschlossen.

Ein Kutschenstiefel.

Zwei Farben , etwa Blau und Weinrot, vier- oder sechsfädiges Vlies, Nadeln Nr. 6.

Schlagen Sie mit Bordeaux auf jede der drei Nadeln siebzehn Maschen an, stricken Sie sechs Runden perlgestrickt und stricken Sie fünf Runden. – Dann —

Mit Blau: Eine Runde stricken, eine Runde perlmaschen, abwechselnd, also sechs Runden lang.

Mit Rotwein wiederholen Sie die letzten sechs Runden.

Wiederholen Sie die beiden letzten Streifen zweimal. Dann—

Von der ersten Nadel aus: 14 Maschen in Weinrot stricken, mit der blauen Masche verbinden, 23 Maschen stricken und 14 Maschen (Weinrot) entsprechend der anderen Seite auf der dritten Nadel lassen, dann umdrehen und fünf Reihen stricken, wobei am Anfang jeder Reihe die erste Masche abgehoben wird.

Wiederholen Sie den letzten Streifen dreimal: zuerst mit Weinrot, zweitens mit Blau, drittens mit Weinrot.

In den nächsten drei Streifen der abwechselnden Farben stricken Sie am Anfang und Ende jeder dritten Reihe zwei zusammen. Dann stricken Sie einen Streifen (bordeauxrot), indem Sie am Anfang jeder Reihe zwei zusammen stricken. Abketten. Damit ist die Vorderseite des Stiefels fertig.

Beginnen Sie wieder bei den vierzehn weinroten Maschen, die auf der ersten Nadel verblieben sind. Stricken Sie diese und schlagen Sie weitere sechsunddreißig weinrote Maschen an. Stricken Sie sechs Reihen in normaler Maschenfolge. Stricken Sie in der nächsten Reihe am Anfang zwei Maschen zusammen. Stricken Sie neun weitere Reihen und stricken Sie am Anfang jeder zweiten Reihe zwei Maschen zusammen. Stricken Sie in den nächsten vier Reihen am Anfang jeder Reihe zwei Maschen zusammen. Damit ist die erste Hälfte des Fußes fertig.

Stricken Sie die restlichen vierzehn Maschen auf der dritten Nadel, schlagen Sie dabei wie zuvor sechsunddreißig Maschen an und beenden Sie die andere Hälfte des Fußes auf die gleiche Weise.

Anschließend werden die beiden Fußhälften zusammengenäht und der Fuß an die Vorderseite des Stiefels genäht.

Eine doppelt gestrickte Nachtsocke.

Schlagen Sie 88 Maschen mit weißem, vier- oder sechsfädigem Vlies an. – Nadel Nr. 3.

NB: In jeder Reihe muss die erste Masche abgehoben werden; die letzte Masche muss glatt rechts gestrickt werden.

Erste Reihe – einfaches Stricken.

Zweite Reihe : eine Masche stricken, Wolle nach vorne ziehen, eine Masche abheben, Wolle nach hinten ziehen. – Wiederholen.

Wiederholen Sie die zweite Reihe achtundzwanzig Mal.

Einunddreißigste Reihe : stricken Sie zweiundsechzig Maschen, genauso wie in der zweiten Reihe; dann: stricken Sie zwei zusammen bis zum Ende der Reihe.

Zweiunddreißigste Reihe: 25 Maschen abketten, 38 Maschen stricken (wie in der zweiten Reihe), die restlichen 25 Maschen abketten.

Stricken Sie twentydie Reihen, genauso wie die zweite Reihe.

Zweiundfünfzigste Reihe : Eine Masche abheben, zwei zusammenstricken, vierzehn Maschen stricken (wie in der zweiten Reihe), zwei zusammenstricken, die restlichen Maschen stricken (wie in der zweiten Reihe).

Dreiundfünfzigste Reihe – wiederholen Sie die letzte.

Vierundfünfzigste Reihe : Eine Masche abheben, zwei zusammenstricken, die restlichen Maschen stricken, genauso wie in der zweiten Reihe.

Wiederholen Sie die letzte Reihe sieben Mal.

Zweiundsechzigste Reihe : eine Masche abheben, zwei zusammenstricken, acht Maschen stricken, genauso wie in der zweiten Reihe, zwei zusammenstricken, die restlichen Maschen stricken, genauso wie in der zweiten Reihe.

Dreiundsechzigste Reihe – wiederholen Sie die letzte.

Stricken Sie drei Reihen, genauso wie die zweite Reihe.

Zeichnen Sie die Stiche für die Zehen auf und nähen Sie die Vorder- und Rückseite zusammen.

Eine Frileuse oder ein Halsvorfach.

Schlagen Sie mit doppelter deutscher Wolle dreißig Maschen an. – Nadeln mit einem Umfang von einem und drei Viertel Zoll.

Stricken Sie dreißig Reihen rechts und lassen Sie dabei die erste Masche jeder Reihe abheben. – Locker abketten .

Mit Kordeln und kleinen Quasten binden.

Radmuster für Tidies usw.

Flachsstrickgarn Nr. 10. – Nadeln Nr. 18. Schlagen Sie eine beliebige Anzahl Maschen an, die durch zehn teilbar ist.

Erste Reihe – eine Masche stricken, Faden nach vorne holen, drei Maschen stricken, eine abheben, zwei Maschen zusammen stricken, die Kettmasche darüberziehen, drei Maschen stricken, Faden nach vorne holen. – Wiederholen.

Zweite Reihe – einfaches Stricken.

Wiederholen Sie diese beiden Reihen abwechselnd.

Gestrickte Koralle.

Schlagen Sie mit feinem, flachem, scharlachrotem Kammgarnzopf und Nadel Nr. 19 vier Maschen an.

Einfaches Stricken, aber die erste Masche jeder Reihe abheben.

Tipps zum Stricken.

Eine einfache Masche am Anfang jeder Reihe, allgemein Randmasche genannt , ist in den meisten Fällen eine große Verbesserung, da sie einen gleichmäßigen Rand bildet und das Muster am Anfang gleichmäßiger bleibt. Bei den meisten Strickarbeiten wird die Randmasche übersprungen.

Am einfachsten lernt man das Stricken, indem man die Wolle über die Finger der linken Hand hält. Die Haltung der Hände ist so anmutiger.

Es empfiehlt sich immer, locker abzuketten.

Wenn abgekettet werden muss und die Reihe auf einer separaten Nadel fortgesetzt werden soll, ist es manchmal besser, einen groben Seidenfaden durch die abgeketteten Maschen zu ziehen. Sie können bei Bedarf leicht wieder aufgenommen werden und die Unannehmlichkeiten einer leeren Nadel werden vermieden.

Wenn beim Stricken von einem Muster gesprochen wird, sind damit so viele Reihen gemeint, wie das Muster bilden.

DAS ENDE.